国家级实验教学示范中心联席会
计算机学科组规划教材

U0156559

# 机器学习经典算法与案例实战 微课视频版

袁建军 编著

清华大学出版社
北京

# 内 容 简 介

本书以案例为载体,介绍了目前机器学习的部分主流算法及其应用,简要概括部分主流算法的基本原理,详细说明应用算法过程中需要注意的问题,通过实际案例的解析使学生更好地掌握主流算法。

全书共四部分。第一部分(第1章)为理论基础,着重介绍机器学习的发展及主流应用,还详细介绍了本书中全部案例运行环境的搭建方法。第二部分(第2~7章)为监督学习模型,着重介绍了贝叶斯分类器、线性模型、决策结、K近邻、支持向量机和随机森林的基本原理。第三部分(第8、9章)为无监督学习模型,详细介绍了数据降维和K-均值聚类。第四部分(第10~12章)为神经网络与深度学习,介绍了几类目前流行的神经网络和深度学习网络。全书提供了大量应用案例,每章后均附有习题。

本书适合作为各类高等院校计算机、人工智能专业的教材,也适合作为相关专业研究生的入门教材,还可供人工智能和数据挖掘方向的开发人员、广大科技工作者和研究人员参考。

**图书在版编目(CIP)数据**

机器学习经典算法与案例实战:微课视频版/袁建军编著.—北京:清华大学出版社,2024.5
国家级实验教学示范中心联席会计算机学科组规划教材
ISBN 978-7-302-66208-2

Ⅰ.①机… Ⅱ.①袁… Ⅲ.①机器学习－算法－高等学校－教学参考资料 Ⅳ.①TP181

中国国家版本馆 CIP 数据核字(2024)第 086728 号

责任编辑:郑寅堃
封面设计:刘 键
责任校对:申晓焕
责任印制:沈 露

出版发行:清华大学出版社
    网    址:https://www.tup.com.cn,https://www.wqxuetang.com
    地    址:北京清华大学学研大厦 A 座          邮    编:100084
    社 总 机:010-83470000                      邮    购:010-62786544
    投稿与读者服务:010-62776969,c-service@tup.tsinghua.edu.cn
    质量反馈:010-62772015,zhiliang@tup.tsinghua.edu.cn
    课件下载:https://www.tup.com.cn,010-83470236
印 装 者:三河市龙大印装有限公司
经    销:全国新华书店
开    本:185mm×260mm      印    张:11.75          字    数:286 千字
版    次:2024 年 7 月第 1 版                      印    次:2024 年 7 月第 1 次印刷
印    数:1~1500
定    价:49.80 元

产品编号:096783-01

# 前 言

新一轮科技革命和产业变革带动了传统产业的升级改造。党的二十大报告强调
"必须坚持科技是第一生产力、人才是第一资源、创新是第一动力,深入实施科教兴国战略、
人才强国战略、创新驱动发展战略,开辟发展新领域新赛道,不断塑造发展新动能新优势"。
建设高质量高等教育体系是摆在高等教育面前的重大历史使命和政治责任。高等教育要坚
持国家战略引领,聚焦重大需求布局,推进新工科、新医科、新农科、新文科建设,加快培养紧
缺型人才。

作为一种自动化、智能化的深度分析技术,机器学习旨在从由数据代表的现实世界中探
索和挖掘潜在规律和隐含机理。机器学习不仅是许多高校人工智能专业的核心课程,也被
纳入相关专业的课程体系。伴随着人工智能技术的快速发展,各行业对于智能算法的需求
不断增长,对于拥有智能算法技术的专业人才需求也日益迫切。这为相应的人才培养和专
业发展的课程目标及教材内容提出了新的要求。因此,从适应技术发展、专业发展和人才培
养的需求出发,编写具有系统性、实用性和推广价值的智能算法教材,以适应新形势下的教
材建设,具有极其重要的意义。

一方面本书围绕以"智能算法"为核心的课程内容体系和以"算法应用"为导向的两个核
心内容进行编写。首先,教材重点讲解现应用场景中主流的智能算法基本原理,旨在帮助学
习者理解并掌握这些基础理论;其次,介绍和掌握机器学习中的主流方法,使学习者能够针
对实际应用场景进行问题分析,并设计出相应的解决方案;最后,教材注重在实际运行环境
中实现算法的操作,以实现从理论到实践的转化。

另一方面,在人才培养和专业发展的推动下,本书在编写过程中注重课程内容与毕业要
求的支撑关系,并通过实验和案例强化学生解决复杂工程问题的能力,体现"面向产出"的工
程教育理念。

本书具有如下特点:

(1) 体系以"智能算法"为中心,保留经典算法理论,增加目前火热的深度学习新知识。
既注重系统全面地介绍主流算法基本原理,又注重将主流算法融入应用场景中。

(2) 可用作教材,理论内容、实验及案例设计均以"面向产出"为中心。

(3) 突出算法与应用紧密结合的特点,结合应用案例及开发环境,强化能力训练。本书各章介绍的理论内容都融合了具体应用案例,在改善纯理论学习枯燥的同时,为学生自主实验的顺利开展提供良好的支撑,强化解决实际问题的能力训练。

(4) 案例的设计侧重对主流算法的理解与使用,对应用问题的分析与评价两方面的能力训练。

(5) 不仅面向在校人工智能及相关专业的学生,还面向致力从事与人工智能、数据挖掘等相关领域的学习者。

本书内容由四部分共 12 章组成,每章(除第 1 章外)最后都有详细的案例解析以及代码分析,使读者可以轻松完成理论到实践的转化,提升解决实际问题的能力,增强学习者动手解决问题的成就感。

第一部分理论基础,包括第 1 章,主要介绍机器学习发展历程、主流的应用场景和如何搭建算法实现的运行环境。

第二部分监督学习模型,包括第 2~7 章,主要介绍目前主流的六类智能算法的基本原理及案例,包括贝叶斯分类器、线性模型、决策树、K 近邻、支持向量机和随机森林。

第三部分无监督学习模型,包括第 8、9 章,主要介绍两类无监督学习算法:主成分分析和 K-均值聚类。

第四部分神经网络与深度学习,包括第 10~12 章,主要介绍几类目前流行的神经网络和深度学习框架,包括 BP 算法、卷积自编码网络、稀疏自编码网络、深度卷积神经网络、循环神经网络、生成对抗网络以及概率图模型。

在使用本书作为教材时,可以根据专业特性和课时数量对内容进行适当取舍,同时,每章后的参考文献可以供学习者查阅,这将有助于他们更好地理解和掌握课程内容。为方便教学,本书配有教学大纲、教案、教学课件、主要内容的教学视频、习题解答、案例程序源码和实验指导等教学资源。

本书的作者为袁建军,参与编写的还有西南大学人工智能学院陈睿、程静及重庆文理学院刘礼培。

在本书的编写过程中,参考了许多优秀的机器学习教材及相关文献资料,获益良多,特此表示最诚挚的感谢。

由于编者水平有限,书中难免存在缺点和错误,敬请广大读者及各位专家指正,不胜感谢。

编　者

2024 年 4 月

# 目 录

随书资源

第一部分

# 理论基础

第 **1** 章

# 绪　论

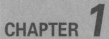

**本章学习目标**

- 认知类目标：了解机器学习的典型应用和发展历程。
- 价值类目标：熟悉几类机器学习的典型应用案例，掌握算法优劣的评价指标。
- 方法类目标：会安装机器学习算法开发工具。
- 情感、态度、价值观类目标：了解机器学习在相关学科领域中的应用，结合所学内容思考在工程中的背景意义，养成辩证思维习惯，具有投身于我国人工智能行业发展的坚定立场。

本章首先向读者介绍机器学习发展历程，总结目前评价机器学习算法优劣的评价指标，其次简要介绍机器学习算法目前的应用领域与机器学习算法开发所用的工具 Python 工具安装流程；最后，在知识扩展部分简要说明机器学习的相关学习资源。

# 🔑 1.1　机器学习概述

机器学习(Machine Learning,ML)是一门从数据中研究算法的多领域交叉学科,涉及概率论、统计学、逼近论、凸分析、算法复杂度理论等多门学科。研究计算机如何模拟或实现人类的学习行为,根据已有的数据或以往的经验进行算法选择、构建模型、预测新数据,并重新组织已有的知识结构使之不断改进自身的性能。机器学习是当前解决人工智能问题的主要技术,在人工智能体系中处于基础与核心地位,是使计算机具有智能的根本途径,其应用遍及人工智能的各个领域,主要使用归纳、综合而不是演绎。它的应用已遍及人工智能的各个分支,如专家系统、自动推理、自然语言理解、模式识别、计算机视觉、智能机器人等领域。

机器学习是人工智能的分支和一种实现方法,它根据样本数据学习模型对数据进行预测与决策,本质是模型的选择以及模型参数的确定。大多数情况下,机器学习算法是要确定一个映射函数 $f$ 以及函数的参数 $\theta$,建立如下映射关系:

$$y = f(\boldsymbol{x};\theta)$$

其中,$\boldsymbol{x}$ 为函数的输入值,一般是一个向量;$y$ 为函数的输出值,是一个向量或标量。当映射函数和它的参数确定后,给定一个输入就可以产生一个输出。机器学习与之前基于人工规则的模型相比,无须人工给出规则,而是让程序自动从大量的样本中抽取、归纳出知识与规则。因此,它具有更好的通用性,采用这种统一的处理框架,人们可以将机器学习算法用于各种不同的领域。通用机器学习一般流程如图1.1所示。

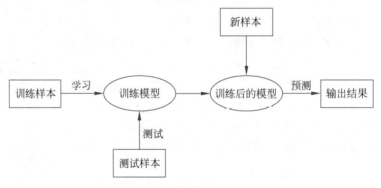

图 1.1　机器学习一般流程

数据是用来描述和反映人类社会中所发生的各种人文活动和事件及自然活动和事件的载体,而大量的人文事件和自然事件中通常蕴含着某些特点和规律。因此,利用各种形式的数据(包括数字形式或数据库形式,也包括图书、图案、声音等形式)将这些活动和事件如实地描述和记录下来,应用各种技术手段来研究和挖掘这些数据中所隐含的内容。这些隐含的东西反映了人文或自然活动和事件的本质特征,这些本质特征通常又不是完全体现在人文或自然活动和事件的表面或较肤浅的层面,我们得到的这些本质特征可能表现为与某些事物表面所展现的规律或知识。隐含知识与表象知识通常是两码事,隐含知识比表象知识通常具有更大的价值。所以说,机器学习要的不是事物的表面现象,而是事物所隐藏的东西。反过来说,展现事物表象的知识不属于机器学习。机器学习是一种探索性的活动,这种活动意味着过程可能会很艰辛,结果可能不可预料。所以,如果机器学习的结果达不到预期,一种可能是技术、方法不行;另一种可能是数据没有能够真实描绘、反映事物;还有一种可能是事物中没有蕴含着想要的规律。但是,由于通常隐含知识比表象知识具有更大的价值,需求引导我们不断地去追求,因此,我们会不停地探索。机器学习是有目的的活动。机器学习的方向是由业务需求所引领的,知识发现是一项目的性很强的工作。不同的机器学习目的涉及的技术、方法,甚至投入的人力、物力都大所不同,因此,选择恰当的目的使得机器学习工作可控、成本可控。本书着重讲解机器学习的应用,而不是讲解机器学习的基础研究。机器学习通常分为评估性初探、计划、评估、实施、再评估、部署、维护等过程。如果机器学习目的不明确,缺乏效果评估和风险评估,则项目的失败实在是在所难免。

## 1.2　机器学习应用基础

机器学习是一种获得知识的技术,它的基础是数据,手段是各种算法,目的是获得数据中蕴含的知识。直至现在,数据的缺乏仍然是知识探索的主要瓶颈。随着数据采集和存储技术的发展,对大量数据的分析和使用成为了一个新的难题。机器学习是一门处理大数据的应用科学,它是随着对大数据分析处理的需要而诞生的新兴学科,各方面还在不断发展和完善中。对机器学习应用而言,知识的发现存在两个极限:一个是数据极限,即要么数据非常庞大,要么数据量小但维度非常大;另一个是算法极限,即针对大量数据(不同的性质、不同的形式)和需求,目前所有的算法尚不能很好地解决某些问题。因此,机器学习应用具有三个要素:数据、算法、知识。

## 1.3　机器学习应用系统

机器学习是一个大系统中的一个组成部分,谈及机器学习的实践需要与行业应用相结合。数据不是凭空出现的,而是来自各种不同的业务。机器学习工作基于业务数据,自然要与业务产生联系。机器学习应用是一个多层次、流程化的工程任务,从上到下可分为三个层面,每个层面下又有若干子层面,如图 1.2 所示,具体结构如下。

应用层:把机器学习结果应用于实践。

算法层:提供算法、引擎和界面。

数据层:提供数据源、数据探索、数据准备。

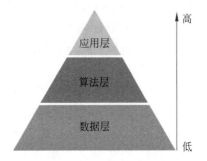

图 1.2　机器学习应用结构

## 1.4　机器学习发展

机器学习作为人工智能研究的一个相对年轻的分支,是人工智能发展进程中不可避免的产物,其发展大致可以划分为三个阶段,如表 1.1 所示。

表 1.1　机器学习发展历程

| 阶段 | 机器学习理论 | 代表性成果 |
|---|---|---|
| 第一阶段 | 人工智能研究处于推理期,已出现机器学习的相关研究,开始出现基于神经网络的"连接主义"学习 | A. Newell 和 H. Simon 的"逻辑理论家"(Logic Theorist)程序证明了数学原理,以及此后的"通用问题求解"(General Problem Solving)程序。1952 年,Arthur Samuel 在 IBM 公司研制了一个西洋跳棋程序,这是人工智能下棋问题的由来。F. Rosenblatt 提出了感知机(Perceptron),但该感知机只能处理线性分类问题,处理不了"异或"逻辑。还有 B. Widrow 提出的 Adaline |
| 第二阶段 | 基于逻辑表示的"符号主义"学习技术蓬勃发展,机器学习主流理论包括以决策理论为基础的学习技术、强化学习技术,以及统计学习理论的一些奠基性成果 | P. Winston 的结构学习系统,R. S. Michalski 的基于逻辑的归纳学习系统,E. B. Hunt 的概念学习系统,N. J. Nilson 的"学习机器",支持向量机,VC 维,结构风险最小化原则 |
| 第三阶段 | 机械学习、示教学习、类比学习、归纳学习。从样例中学习的主流技术:符号主义学习、基于逻辑的学习、基于神经网络的连接主义学习 | 学习方式分类:决策树,归纳逻辑程序设计(Inductive Logic Programming,ILP)。1983 年,J. J. Hopfield 利用神经网络求解"流动推销员问题"这个 NP 难题。1986 年,D. E. Rumelhart 等重新发明了 BP 算法。BP 算法一直是被应用得最广泛的机器学习算法之一 |
| | 统计学习 | 支持向量机,核方法 |
| | 深度学习 | 深度学习兴起的原因有二:数据量大,机器计算能力强 |

　　第一阶段从 20 世纪 50 年代中叶至 60 年代中叶,此时被称为初期阶段。在此阶段,研究者主要关注无知识的学习或称之为"无知"学习,其研究目标主要集中于各类自组织和自适应系统。这期间,研究方法主要集中在不断修改系统的控制参数以及改进系统的执行能力,无关于具体任务的知识。这一阶段的代表性成果是 Samuel 的下棋程序,然而这种学习方式并不能满足人们对机器学习系统的期待。

　　第二阶段从 60 年代中叶至 70 年代中叶,此时被称为机器学习的冷静时期。在这个阶段,研究者的目标转向模拟人类的概念学习过程,并将逻辑结构或图结构作为机器内部描述。这一阶段的代表性成果有 Winston 的结构学习系统以及 Hayes-Roth 等的基本逻辑的归纳学习系统。

　　第三阶段从 20 世纪 70 年代中叶至 80 年代中叶,此时被称为是复兴时期。这个时期,研究者从学习单个概念扩展到学习多个概念,探索了不同的学习策略和方法,并开始将学习系统与各种应用结合,从而取得了巨大的成功,这也推动了机器学习的进一步发展。1980 年,美国的卡内基-梅隆大学召开了第一届机器学习国际研讨会,标志着机器学习研究已在全世界范围内展开。

# 🔍 1.5　机器学习中的观点和问题

　　在机器学习中,一个有效的观点是将机器学习问题视为搜索问题,即对非常大的假设空间进行搜索,以确定最佳拟合观察到的数据和学习器已有知识的假设。不同的假设表示法适合学习不同的目标函数,对于其中的每一种假设表示法,对应的学习算法发挥不同内在结构的优势来组织对假设空间的搜索。自始至终,本书都把学习问题视为搜索问题,通过深入分析搜索策略和学习器所探索的搜索空间的内在结构,来描绘学习方法的全貌。这种观点对于形式化地分析要搜索的假设空间的大小、可利用的训练样例的数量以及一个与训练数据一致的假设能泛化到未见实例的置信度这三者之间的关系很有效。

机器学习这门学科大多在解决以下问题。

(1) 存在什么样的算法能从特定的训练数据学习一般的目标函数? 若提供了充足的训练数据,什么样的条件下会使特定的算法收敛到期望的函数? 哪个算法对哪些问题和表示的性能最佳?

(2) 有多少训练数据才是充足的? 如何寻找学习到的假设置信度与训练数据的数量及提供给学习器的假设空间特性间的一般关系?

(3) 学习器拥有的先验知识是怎样引导从样例进行泛化的过程的? 当先验知识仅仅近似正确时,它们会有帮助吗?

(4) 关于选择有效的后续训练经验,什么样的策略最好? 这个策略的选择会如何影响学习问题的复杂性?

(5) 怎样把学习任务简化成一个或多个函数逼近问题?

(6) 学习器怎样自动地改变表示法来提高表示和学习目标函数的能力?

## 🔑 1.6　模型评价常用指标

通过模型评价指标以选择适合的机器学习算法和模型。目前常用的模型评价指标有:假设测试样本中正样本被分类器判定为正样本数量记为 TP,被判定为负样本数量记为 FN;负样本被分类器判定为负样本数量记为 TN,被判定为正样本数量记为 FP。

(1) 精度 $P$: $P = \dfrac{TP}{TP+FP}$,值越接近 1,对正样本的分类越准确。

(2) 召回率 $R$: $R = \dfrac{TP}{TP+FN}$,所有正样本中被分类器判定为正样本的比例。

(3) $F$ 分数: $F = \dfrac{(\alpha^2+1)PR}{\alpha^2(P+R)}$,$\alpha$ 为权重参数。

(4) 准确率(Accuracy): $ACC = \dfrac{TP+TN}{TP+TN+FP+FN}$,正确率越高,分类器越好。

(5) 错误率(Error rate): $Error\ rate = 1 - ACC$。

(6) 灵敏度(Sensitive): $Sensitive = \dfrac{TP}{P}$,衡量分类器对正例的识别能力。

(7) ROC 曲线(Receiver Operator Characteristic Curve):

真阳率 $TPR = \dfrac{TP}{TP+FN}$,正样本被分类器判定为正样本的比例。

假阳率 $FPR = \dfrac{FP}{FP+TN}$,负样本被分类器判定为正样本的比例。

ROC 曲线的横轴为假阳率,纵轴为真阳率,当假阳率增加时真阳率会增加,因此,它是一条向上增长的曲线。一个好的分类器应该保证假阳率低而真阳率高，ROC 曲线理想情况下应该接近直线 $y=1$，曲线下方的面积尽可能大。

(8) AUC 指标(Area Under Curve)：ROC 曲线下面的面积，如图 1.3 所示。

1
ROC曲线
TP rate
0
FP rate
1

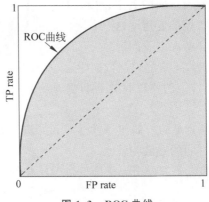

图 1.3 ROC 曲线

# 1.7 目前主流应用

机器学习有广泛的应用，从机器视觉到数据挖掘、计算机视觉、自然语言处理、语音识别、推荐系统等领域均有涉猎。

## 1.7.1 数据挖掘

数据挖掘是指从大量的数据中通过算法搜索隐藏信息的过程。它通过从大量数据中分析每个数据，寻找存在的规律，主要有数据准备、规律寻找和规律表示三个步骤。数据准备是从相关的数据源中选取所需的数据并整合成用于数据挖掘的数据集；规律寻找是用某种方法将数据集所含的规律找出来；规律表示是尽可能以用户可理解的方式(如可视化)将找出的规律表示出来。数据挖掘的任务有关联分析、聚类分析、分类分析、异常分析、特异群组分析和演变分析等。常用的数据挖掘方法有：K-均值聚类、决策树、主成分分析(PCA)、回归分析等。数据挖掘主要流程如图 1.4 所示。

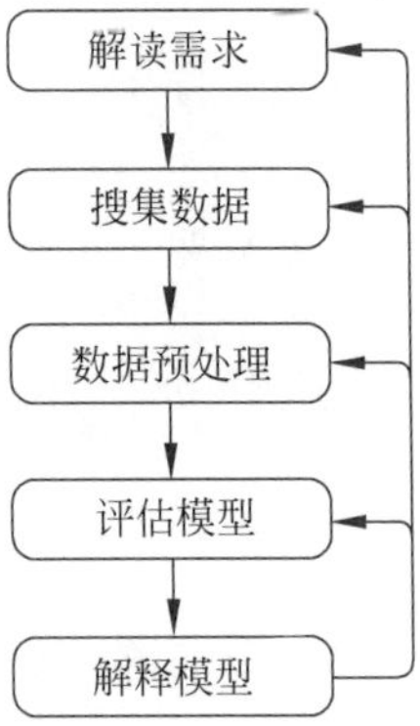

解读需求
搜集数据
数据预处理
评估模型
解释模型

图 1.4 数据挖掘主要流程

## 1.7.2 计算机视觉

计算机视觉(Computer Vision)又称为机器视觉(Machine Vision)，它是一门“教”会计算机如何去“看”世界的学科。传统的计算机视觉对待问题的解决方案基本上都是遵循以下流程：图像预处理→提取特征→建立模型(分类器/回归器)→输出。在深度学习中，大多数问题都会采用端到端(End to End)的解决思路，即从输入到输出一气呵成。计算机视觉本身又包括了诸多不同的研究方向，比较基础和热门的几个方向主要包括：物体识别和检测(Object Detection)、语义分割(Semantic Segmentation)、运动和跟踪(Motion & Tracking)、三维重建(3D Reconstruction)、视觉问答(Visual Question ＆ Answering)、动作识别(Action Recognition)等。目前主要应用于物体识别与检测、图片识别、视频理解、自动驾驶、医学图像分析、无人机等领域,常用的模型有卷积神经网络(CNN)、VGG16 等系列、全连接卷积网络(FCN)、时空长短期记忆网络(TS-LSTM)、生成对抗网络(GAN)等。图 1.5 是目标检测的例子。

图 1.5　目标检测

### 1.7.3　自然语言处理

自然语言处理(Natural Language Processing,NLP)是人工智能和语言学领域的分支学科,它是能实现人与计算机之间用自然语言进行有效通信的各种理论和方法,其基本任务包括正则表达式、分词、词法分析、语音识别、文本分类、信息检索、问答系统等。自然语言处理主要应用于机器翻译、舆情监测、自动摘要、观点提取、文本分类、问题回答、文本语义对比、中文 OCR 等方面。目前自然语言处理领域仍需要大量研究,具有潜力的研究方向有：独立于任务的自然语言处理数据增强、用于自然语言处理的小样本学习(Few-shot learning)、用于自然语言处理的迁移学习、多任务学习、跨语言学习、独立于任务的架构提升等。常用的模型有马尔可夫模型、朴素贝叶斯、循环神经网络等。图 1.6 为文本纠错案例。

图 1.6　文本纠错

### 1.7.4　语音识别

语音识别的目标是理解人说话的声音信号转换成文字,其中语音识别算法是语音输入法、人机对话系统等应用的关键技术,具有很强的应用价值,是模式识别领域被深入、广泛研究的问题之一。语音识别要将声音信号转换成某种语言的文字,声音信号是一个时间序列数据,在每一时刻都有一个值。早期语音识别算法一般通过模板匹配实现,而在机器学习算法中,常用隐马尔可夫模型(HMM)和高斯混合模型(GMM)结合形成的 GMM-HMM 框架模型,这种方法在很长一段时间内是语音识别的主流方法。深度学习技术出现后,循环神经网络和端到端结构的方法成为主流,大幅提升了语音识别的准确率。图 1.7 是语音识别的例子。

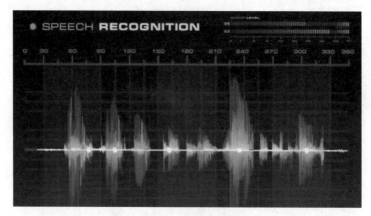

图 1.7　语音识别

### 1.7.5　推荐系统

推荐系统是利用电子商务网站向客户提供商品信息和建议,帮助用户决定应该购买什么产品,模拟销售人员帮助客户完成购买过程。推荐系统有 3 个重要的模块:用户建模模块、推荐对象建模模块、推荐算法模块。通用的推荐系统模型流程如图 1.8 所示。主要的推荐方法有:基于内容推荐、协同过滤推荐、基于关联规则推荐、基于效用推荐、基于知识推荐、组合推荐等。

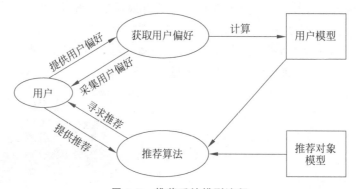

图 1.8　推荐系统模型流程

## 🔑 1.8　运行环境搭建

本书中全部案例运行环境为 Python 环境,代码全部采用 Python 编写。代码需要 Python 3.6 及以上版本运行环境,推荐使用 PyCharm IDE。也可安装 Anaconda 后在 Jupyter 中或者 Spyder 中运行。具体代码中所需的模块文件会在每个案例代码中说明。

### 1.8.1　Python 安装

首先,进入 Python 安装包下载网址 https://www.python.org/,根据自己实际的操作系统选择对应安装版本,如图 1.9 所示。

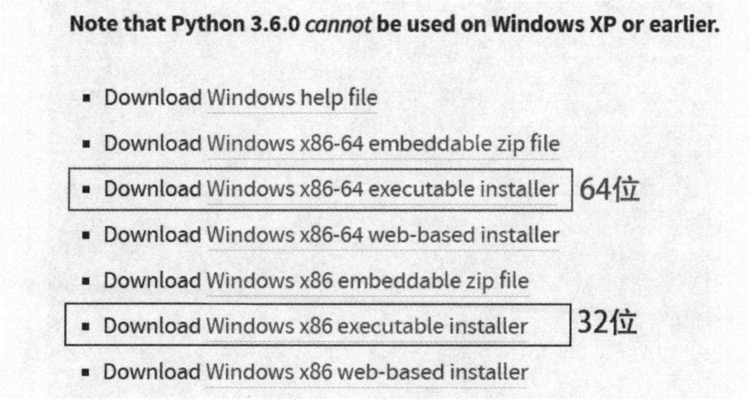

图 1.9　安装版本

其次,下载完成后双击安装程序,进入 Python 安装向导,如图 1.10 所示。

图 1.10　安装向导(1)

选择自定义安装(Customize installation),一定要勾选 Add_Python 3.6 to PATH,防止手工添加环境变量,添加到环境变量也可以等安装完成之后手动添加到环境变量中,如果不添加环境变量,则运行 Python 会出现如图 1.11 所示的界面。

继续下一步,界面如图 1.12 所示。

选择安装的属性,Documentation、pip、tcl/tk and IDLE 必须安装。tcl/tk and IDLE 是 Python 环境的开发环境窗口,pip 用来安装 NumPy 等包。此处全部安装。

继续下一步,如图 1.13 所示。

单击 Install 按钮进行安装,在这里示例安装的目录是 D 盘的 D:\Python36,目录名可以自定义。

安装成功,如图 1.14 所示。

安装过程中若没有添加到变量环境,还需手动添加才能安装成功,这里不再说明。

图 1.11　安装向导(2)

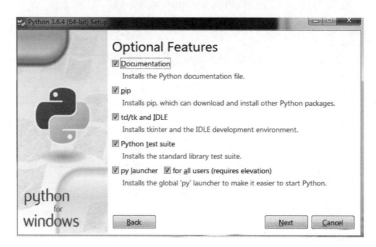

图 1.12　安装向导(3)

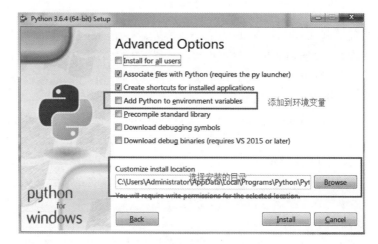

图 1.13　安装向导(4)

图 1.14　安装向导（5）

## 1.8.2　PyCharm 安装模块文件

首先，下载 PyCharm 安装程序，下载网址为 https://www.jetbrains.com/pycharm/，安装完成后打开 PyCharm 编辑器，单击左上角的 File，选择 Setting，单击 project：python_pro-> project Interpreter，单击右侧的＋号，出现搜索框，在其中搜索需要安装的库，搜索到之后单击 Install Package，耐心等待就好了。

**注意**：在安装过程中可能出现无法安装的情况，这种情况的出现一般是所需安装库文件版本与 Python 版本不兼容导致，通常解决办法是降低 Python 版本。还有一种情况是下载安装速度慢，导致部分库文件无法正常安装，解决办法是更换安装源。另外，在案例代码运行时，也可能出现版本不同的情况导致无法运行，解决办法是尽可能安装相同版本。

## 1.8.3　Anaconda 安装

进入 Anaconda 官网，单击 Download 按钮，下载对应版本的 Anaconda，如图 1.15 所示。

双击安装文件，等待安装完成。

打开 Anaconda，界面如图 1.16 所示。

可以选择 Jupyter Notebook，也可以选择 Spyder。但此时部分模块未加载（如 TensorFlow 等），需要另外安装，安装有以下两种方式。

第一种安装方式如图 1.17 所示。

第二种安装方式如图 1.18 和图 1.19 所示。

注：在安装过程中可以修改模块的安装源，这样安装、下载速度更快。

图 1.15    Anaconda 安装（1）

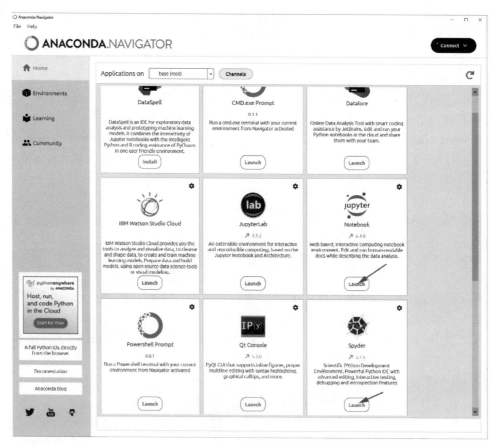

图 1.16    Anaconda 安装（2）

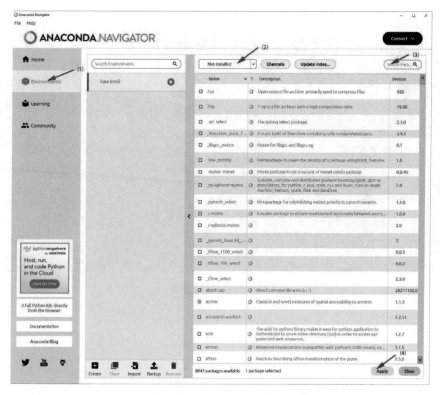

图 1.17　Anaconda 安装（3）

图 1.18　Anaconda 安装（4）

图 1.19　Anaconda 安装(5)

## 🔑 1.9　知识扩展

机器学习是一门交叉学科,相应方法与应用在不断地更新,读者可以根据不同的应用开发相应的算法。另外,机器学习需要一定的数学基础知识,可适当补充部分数学知识并关注相关领域科学研究进展。有很多关于机器学习最新研究成果的优秀资源可阅读,包括《机器学习》(*Machine Learning*)、《神经计算》(*Neural Computing*)、《神经网络》(*Neural Networks*)、《IEEE 模式分析和机器智能学报》(*IEEE Transactions on Pattern Analysis and Machine Intelligence*)等;也有大量的会议涉及机器学习的各个方面,其中有国际机器学习会议(ICML)、神经信息处理系统会议(NIPS)、计算学习理论会议(CCLT)、国际知识发现和数据挖掘会议(KDD)、欧洲机器学习会议(ECML)等。

## 🔑 1.10　习题

1. 给出三种机器学习方法适合的计算机应用,三种不适合的计算机应用。
2. 举例说明自己身边所遇到的机器学习应用案例,并做简要解释。
3. 列举几个机器学习方法,并解释其应用场景。

第二部分

# 监督学习模型

# 第 2 章

# 贝叶斯分类器

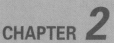

CHAPTER 2

**本章学习目标**

- 认知类目标：贝叶斯分类器基本思想。
- 价值类目标：理解贝叶斯分类器基本原理。
- 方法类目标：会用贝叶斯分类器算法解决相关应用问题。
- 情感、态度、价值观类目标：理解贝叶斯分类器算法在相关领域中的应用，了解最新发展动态，能够运用相应计算方法和技巧分析、研究和解决实际问题，培养学生创新意识，提高学生计算分析的专业水平，培养严谨工作的职业素养，激发新知识求知欲望。

本章主要介绍贝叶斯分类器基本思想，分别对朴素贝叶斯分类器和正态贝叶斯分类器进行详细介绍，最后列出贝叶斯分类器案例分析。

## 2.1 贝叶斯分类器基本思想

贝叶斯分类器是一种概率模型,它用贝叶斯公式解决分类问题。贝叶斯分类器是各种分类器中分类错误概率最小或者在预先给定代价的情况下平均风险最小的分类器。它的设计方法是一种最基本的统计分类方法,其分类原理是通过某对象的先验概率,利用贝叶斯公式计算出其后验概率,即该对象属于某一类的概率,选择具有最大后验概率的类作为该对象所属的类。

贝叶斯定理:假设试验 $E$ 的样本空间为 $S$,$A$ 为 $E$ 的事件,$B_1,B_2,\cdots,B_c$ 为 $S$ 的一个划分,且 $P(A)>0,P(B_i)>0(i=1,2,\cdots,c)$,则贝叶斯公式如下:

$$P(B_i\mid A)=\frac{P(A\mid B_i)P(B_i)}{\sum_{j=1}^{c}P(A\mid B_j)P(B_j)}=\frac{P(A\mid B_i)P(B_i)}{P(A)}$$

解释如下。

$P(B_i|A)$ 称为后验概率,表示事件 $A$ 出现后,各不相容的条件 $B_i$ 存在的概率,它是在结果出现后才能计算得到的,因此称为"后验"。

$P(B_i)$ 称为先验概率,表示各不相容的条件 $B_i$ 出现的概率,它与结果 $A$ 是否出现无关,仅表示根据先验知识或主观推断,用于判断总体上各条件之间的出现可能性的差别。

另外,若以上随机变量为离散型,则相应概率可通过频率计算。在计算过程中,可能会遇到频数为 0 的情况,可采用拉普拉斯平滑处理,即频率分母加 $k$($k$ 表示特征分量的取值有 $k$ 种情况),分子加 1;若为连续型,则可通过概率密度函数计算。

实现贝叶斯分类器需要知道每类样本的特征向量所服从的概率分布,现实中的很多随机变量都近似服从正态分布。因此,常用正态分布表示特征向量的概率分布。如果假设特征向量各个分量之间相互独立,则为朴素贝叶斯分类器;如果假设特征向量服从多维正态分布,则为正态贝叶斯分类器。下面分别对两种分类器案例进行讲解。

## 2.2 朴素贝叶斯分类器

### 2.2.1 朴素贝叶斯分类器原理

朴素贝叶斯分类器假设特征向量的分量之间是相互独立的,此假设可以简化计算难度。若给定样本的特征向量 $\boldsymbol{x}$,它属于某一类 $c_i$ 的概率为:

$$p(y=c_i\mid \boldsymbol{x})=\frac{p(y=c_i)p(\boldsymbol{x}\mid y=c_i)}{p(\boldsymbol{x})}$$

假设特征向量的分量之间是相互独立的,则有:

$$p(y=c_i\mid \boldsymbol{x})=\frac{p(y=c_i)\prod_{j=1}^{n}p(x_j\mid y=c_i)}{p(\boldsymbol{x})}$$

其中,$x_j$ 为特征向量 $\boldsymbol{x}$ 的第 $j$ 个分量。

对于离散型,有 $p(x_j|y=c_i)=\dfrac{N_{x_j,c_i}}{N_{c_i}}$,$N_{x_j,c_i}$ 表示第 $c_i$ 类中第 $j$ 个样本特征值的样本数,$N_{c_i}$ 表示第 $c_i$ 类样本数。

对于连续型,有一维正态分布的概率密度函数为:

$$f(x_i=\boldsymbol{x}\mid y=c)=\frac{1}{\sqrt{2\pi}\sigma}\exp\left\{-\frac{(x-\mu)^2}{2\sigma^2}\right\}$$

其中,$\mu=\dfrac{1}{n}\sum_{i=1}^{n}x_i$,$\sigma^2=\dfrac{1}{n-1}\sum_{i=1}^{n}(x_i-\mu)^2$。

## 2.2.2 朴素贝叶斯分类器案例——垃圾邮件过滤

本节主要讲解朴素贝叶斯分类器实现垃圾邮件过滤案例。朴素贝叶斯实现垃圾邮件过滤的步骤具体如下。

➤ 收集数据:提供文本文件。
➤ 准备数据:将文本文件解析成词条向量。
➤ 分析数据:检查词条确保解析的正确性。
➤ 训练算法:计算不同的独立特征的条件概率。
➤ 测试算法:计算错误率。
➤ 使用算法:构建一个完整的程序对一组文档进行分类。

详细代码如下。

```
1.   import numpy as np                              #导入需要的库文件
2.   import re
3.   import random
4.
5.   def createVocabList(dataSet):
6.       vocabSet = set([])                          #创建一个空的、不重复的列表
7.       for document in dataSet:
8.           vocabSet = vocabSet | set(document)     #取并集
9.       return list(vocabSet)
10.
11.
12.  def setOfWords2Vec(vocabList, inputSet):
13.      returnVec = [0] * len(vocabList)            #创建一个所含元素都为0的向量
14.      for word in inputSet:                       #遍历每个词条
15.          if word in vocabList:                   #如果词条存在于词汇表中,则置为1
16.              returnVec[vocabList.index(word)] = 1
17.          else:
18.              print("the word: %s is not in my Vocabulary!" % word)
19.      return returnVec                            #返回文档向量
20.
21.
22.  def bagOfWords2VecMN(vocabList, inputSet):
23.      returnVec = [0] * len(vocabList)            #创建一个其中所含元素都为0的向量
24.      for word in inputSet:                       #遍历每个词条
```

```
25.            if word in vocabList:                    #如果词条存在于词汇表中,则计数加1
26.                returnVec[vocabList.index(word)] += 1
27.        return returnVec                             #返回词袋模型
28.
29.
30.    def trainNB0(trainMatrix, trainCategory):
31.        numTrainDocs = len(trainMatrix)              #计算训练的文档数目
32.        numWords = len(trainMatrix[0])               #计算每篇文档的词条数
33.        pAbusive = sum(trainCategory) / float(numTrainDocs)    #文档属于垃圾邮件类的概率
34.        p0Num = np.ones(numWords)
35.        p1Num = np.ones(numWords)                    #创建numpy.ones数组,将词条出现数初始化
                                                        #为1,使用拉普拉斯平滑算法
36.        p0Denom = 2.0
37.        p1Denom = 2.0                                #将分母初始化为2,使用拉普拉斯平滑算法
38.        for i in range(numTrainDocs):
39.            if trainCategory[i] == 1:                #统计属于侮辱类的条件概率所需的数据
40.                p1Num += trainMatrix[i]
41.                p1Denom += sum(trainMatrix[i])
42.            else:                                    #统计属于非侮辱类的条件概率所需的数据
43.                p0Num += trainMatrix[i]
44.                p0Denom += sum(trainMatrix[i])
45.        p1Vect = np.log(p1Num / p1Denom)
46.        p0Vect = np.log(p0Num / p0Denom)             #取自然对数,防止下溢出
47.        return p0Vect, p1Vect, pAbusive              #返回属于正常邮件类的条件概率数组,属于
                                                        #侮辱垃圾邮件类的条件概率数组,文档属于
                                                        #垃圾邮件类的概率
48.
49.
50.    def classifyNB(vec2Classify, p0Vec, p1Vec, pClass1):
51.        p1 = sum(vec2Classify * p1Vec) + np.log(pClass1)
52.        p0 = sum(vec2Classify * p0Vec) + np.log(1.0 - pClass1)
53.        if p1 > p0:
54.            return 1
55.        else:
56.            return 0
57.
58.
59.    def textParse(bigString):                         #将字符串转换为字符列表
60.        listOfTokens = re.split(r'\W*', bigString)
                                                         #将特殊符号作为切分标志进行字符串切分,即非字母、非数字
61.        return [tok.lower() for tok in listOfTokens if len(tok) > 2]
                                                         #除了单个字母,例如大写的I,其他单词变成小写
62.
63.
64.    def spamTest():
65.        docList = []
66.        classList = []
67.        fullText = []
68.        for i in range(1, 26):                         #遍历25个TXT文件
```

```
69.         wordList = textParse(open('email/spam/%d.txt' % i, 'r').read())
70.         docList.append(wordList)
71.         fullText.append(wordList)
72.         classList.append(1)                 #标记垃圾邮件,1 表示垃圾文件
73.         wordList = textParse(open('email/ham/%d.txt' % i, 'r').read())
74.         docList.append(wordList)
75.         fullText.append(wordList)
76.         classList.append(0)                 #标记正常邮件,0 表示正常文件
77.     vocabList = createVocabList(docList)  #创建词汇表,不重复
78.     trainingSet = list(range(50))
79.     testSet = []
80.     for i in range(10):                     #从 50 个邮件中,随机挑选出 40 个作为训练
                                                #集,10 个做测试集
81.         randIndex = int(random.uniform(0, len(trainingSet)))
82.         testSet.append(trainingSet[randIndex])   #添加测试集的索引值
83.         del (trainingSet[randIndex])
84.     trainMat = []
85.     trainClasses = []                       #创建训练集矩阵和训练集类别标签系向量
86.     for docIndex in trainingSet:            #遍历训练集
87.         trainMat.append(setOfWords2Vec(vocabList, docList[docIndex]))
88.         trainClasses.append(classList[docIndex])
89.     p0V, p1V, pSpam = trainNB0(np.array(trainMat), np.array(trainClasses))
90.     errorCount = 0                          #错误分类计数
91.     for docIndex in testSet:                #遍历测试集
92.         wordVector = setOfWords2Vec(vocabList, docList[docIndex])
                                                            #测试集的词集模型
93.         if classifyNB(np.array(wordVector), p0V, p1V, pSpam) != classList[docIndex]:
                                                            #如果分类错误
94.             errorCount += 1                 #错误计数加 1
95.     print('错误率: %.2f%%' % (float(errorCount) / len(testSet) * 100))
96.
97. if __name__ == '__main__':
98.     spamTest()
```

运行结果如图 2.1 所示。

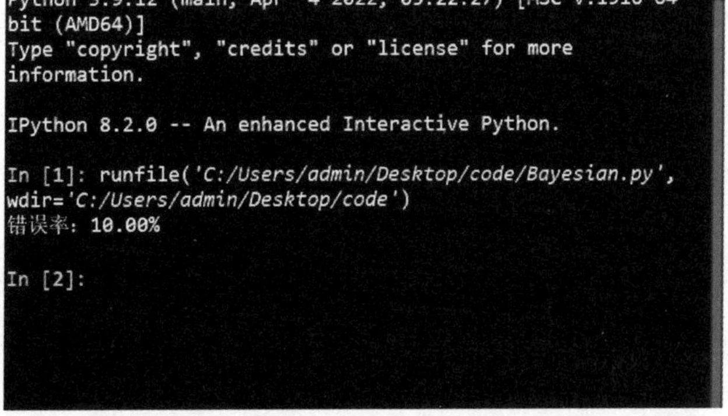

图 2.1 运行结果

朴素贝叶斯的优缺点如下。

优点：在数据较少的情况下仍然有效，可以处理多类别问题。

缺点：对于输入数据的准备方式较为敏感，由于朴素贝叶斯的"特征条件独立"特点，所以会带来一些准确率上的损失。

注意：使用拉普拉斯平滑算法解决零概率问题；对乘积结果取自然对数避免下溢出问题，采用自然对数进行处理不会有任何损失。

# 2.3　正态贝叶斯分类器

## 2.3.1　正态贝叶斯分类器原理

假设样本的特征向量服从多维正态分布，其中期望 $\boldsymbol{\mu}$ 为向量，$\boldsymbol{\Sigma}$ 为协方差矩阵，则类条件概率密度函数为：

$$p(\boldsymbol{x} \mid c) = \frac{1}{(2\pi)^{\frac{n}{2}}|\boldsymbol{\Sigma}|^{\frac{1}{2}}} \exp\left\{-\frac{1}{2}(\boldsymbol{x}-\boldsymbol{\mu})^{\mathrm{T}}\boldsymbol{\Sigma}^{-1}(\boldsymbol{x}-\boldsymbol{\mu})\right\}$$

在应用过程中，需要注意：在计算上面概率密度函数时需要计算协方差矩阵的行列式和逆矩阵，计算量较大。可以采用如下方法：由于协方差矩阵是实对称矩阵，所以可以对角化，可用奇异值分解(SVD)来计算行列式和逆矩阵。另外，还有一个没有解决的问题就是如何根据训练样本估计出正态分布的期望向量和协方差矩阵。可以通过最大似然估计和矩估计都可以得到正态分布的这两个参数，即样本的期望向量就是期望的估计值，样本的协方差矩阵就是协方差矩阵的估计值。

## 2.3.2　正态贝叶斯分类器案例——训练资料分类

本节主要实现正态贝叶斯分类器进行分类，案例如下。

假设训练资料矩阵如图 2.2 所示，现已经 $N=9, N1=N2=N3=3, n=2, c=3$，请判别 $\boldsymbol{x}=[-2,2]^{\mathrm{T}}$ 属于哪一类？并画出三类分界线。

| 训练样本号 | 1 | 2 | 3 | 1 | 2 | 3 | 1 | 2 | 3 |
|---|---|---|---|---|---|---|---|---|---|
| 特征 x1 | 0 | 2 | 1 | -1 | -2 | -2 | 0 | 0 | 1 |
| 特征 x2 | 0 | 1 | 0 | 1 | 0 | -1 | -2 | -1 | -2 |
| 类别 | | W1 | | | W2 | | | W3 | |

图 2.2　例子

详细代码如下。

```
1.    import numpy as np
2.    import math
3.    import matplotlib.pyplot as plt
4.
5.    a = np.array([[0, 2, 1],[0, 1, 0]], dtype = np.float64)
6.    b = np.array([[-1, -2, -2],[1, 0, -1]], dtype = np.float64)
```

```
7.   c = np.array([[0, 0, 1],[-2, -1, -2]], dtype = np.float64)
8.   input = [[-2], [2]]
9.   a_t = np.matrix(a)
10.  a_cov = np.matrix(np.cov(a_t))
11.  a_cov_m = np.linalg.det(np.cov(a_t))
12.  a_cov_I = a_cov.I
13.  u1 = np.array([[1],[1/3]], dtype = np.float64)
14.  g_a = -1/2 * np.matrix(input - u1).T * a_cov_I * np.matrix(input - u1) - 1/2 * math.log
     (abs(a_cov_m)) + math.log(1/3)
15.  v_1 = -1/2 * a_cov_I
16.  w_1 = a_cov_I * u1
17.  w_10 = -1/2 * np.matrix(u1).T * a_cov_I * u1 - 1/2 * math.log(abs(a_cov_m)) +
     math.log(1/3)
18.
19.  b_t = np.matrix(b)
20.  b_cov = np.matrix(np.cov(b_t))
21.  b_cov_m = np.linalg.det(np.cov(b_t))
22.  b_cov_I = b_cov.I
23.  u2 = np.array([[-5/3],[0]], dtype = np.float64)
24.  g_b = -1/2 * np.matrix(input - u2).T * b_cov_I * np.matrix(input - u2) - 1/2 *
     math.log(abs(b_cov_m)) + math.log(1/3)
25.  v_2 = -1/2 * b_cov_I
26.  w_2 = b_cov_I * u2
27.  w_20 = -1/2 * np.matrix(u2).T * b_cov_I * u2 - 1/2 * math.log(abs(b_cov_m)) +
     math.log(1/3)
28.
29.  c_t = np.matrix(c)
30.  c_cov = np.matrix(np.cov(c_t))
31.  c_cov_m = np.linalg.det(np.cov(c_t))
32.  c_cov_I = c_cov.I
33.  u3 = np.array([[1/3],[-5/3]], dtype = np.float64)
34.  g_c = -1/2 * np.matrix(input - u3).T * c_cov_I * np.matrix(input - u3) - 1/2 *
     math.log(abs(c_cov_m)) + math.log(1/3)
35.  v_3 = -1/2 * c_cov_I
36.  w_3 = c_cov_I * u3
37.  w_30 = -1/2 * np.matrix(u3).T * c_cov_I * u3 - 1/2 * math.log(abs(c_cov_m)) +
     math.log(1/3)
38.
39.  print('协方差不等的情况下:')
40.  print('g(1):', g_a)
41.  print('g(2):', g_b)
42.  print('g(3):', g_c)
43.  if(g_a > g_b and g_a > g_c):
44.      print('在协方差不等的情况下,(-2, 2)属于第一类')
45.  if(g_b > g_a and g_b > g_c):
46.      print('在协方差不等的情况下,(-2, 2)属于第二类')
47.  if(g_c > g_a and g_c > g_b):
48.      print('在协方差不等的情况下,(-2, 2)属于第三类')
49.  v12 = v_1 - v_2
50.  w12 = w_1 - w_2
51.  v23 = v_2 - v_3
52.  w23 = w_2 - w_3
53.  v13 = v_1 - v_3
```

```python
54.    w13 = w_1 - w_3
55.    print("协方差矩阵不等情况下,12 分界线方程为: % f x1^2 + % f x2^2 + % f x1 * x2 + % f
       x1 + % f x2 + % f = 0" % (v12[0, 0], v12[1, 1], v12[0, 1] + v12[1, 0], w12[0, 0], w12
       [1, 0], w_10 - w_20))
56.    print("协方差矩阵不等情况下,23 分界线方程为: % f x1^2 + % f x2^2 + % f x1 * x2 + % f
       x1 + % f x2 + % f = 0" % (v23[0, 0], v23[1, 1], v23[0, 1] + v23[1, 0], w23[0, 0], w23
       [1, 0], w_20 - w_30))
57.    print("协方差矩阵不等情况下,13 分界线方程为: % f x1^2 + % f x2^2 + % f x1 * x2 + % f
       x1 + % f x2 + % f = 0" % (v13[0, 0], v13[1, 1], v13[0, 1] + v13[1, 0], w13[0, 0], w13
       [1, 0], w_10 - w_30))
58.
59.    all_cov = a_cov + b_cov + c_cov
60.    all_cov_I = all_cov.I
61.    w1_all = all_cov_I * u1
62.    w_10_all = - 1/2 * np.matrix(u1).T * all_cov_I * u1 + math.log(1/3)
63.    g_all_a = - 1/2 * np.matrix(input - u1).T * all_cov_I * np.matrix(input - u1) +
       math.log(1/3)
64.
65.    w2_all = all_cov_I * u2
66.    w_20_all = - 1/2 * np.matrix(u2).T * all_cov_I * u2 + math.log(1/3)
67.    g_all_b = - 1/2 * np.matrix(input - u2).T * all_cov_I * np.matrix(input - u2) +
       math.log(1/3)
68.
69.    w3_all = all_cov_I * u3
70.    w_30_all = - 1/2 * np.matrix(u3).T * all_cov_I * u3 + math.log(1/3)
71.    g_all_c = - 1/2 * np.matrix(input - u3).T * all_cov_I * np.matrix(input - u3) +
       math.log(1/3)
72.    print('协方差相等的情况下:')
73.    print('g(1):', g_all_a)
74.    print('g(2):', g_all_b)
75.    print('g(3):', g_all_c)
76.    if(g_all_a > g_all_b and g_all_a > g_all_c):
77.        print('在协方差相等的情况下,(- 2, 2)属于第一类')
78.    if(g_all_b > g_all_a and g_all_b > g_all_c):
79.        print('在协方差相等的情况下,(- 2, 2)属于第二类')
80.    if(g_all_c > g_all_a and g_all_c > g_all_b):
81.        print('在协方差相等的情况下,(- 2, 2)属于第三类')
82.
83.    w12_all = w1_all - w2_all
84.    w23_all = w2_all - w3_all
85.    w13_all = w1_all - w3_all
86.    print("协方差矩阵相等情况下,12 分界线方程为: % f x1 + % f x2 + % f = 0" % (w12_all
       [0, 0], w12_all[1, 0], w_10_all - w_20_all))
87.    print("协方差矩阵相等情况下,23 分界线方程为: % f x1 + % f x2 + % f = 0" % (w23_all
       [0, 0], w23_all[1, 0], w_20_all - w_30_all))
88.    print("协方差矩阵相等情况下,13 分界线方程为: % f x1 + % f x2 + % f = 0" % (w13_all
       [0, 0], w13_all[1, 0], w_10_all - w_30_all))
89.
90.    # 绘图
91.    x = np.arange(- 10.1, 10.1, .01)
92.    y = np.arange(- 10.1, 10.1, .01)
93.    x, y = np.meshgrid(x, y)
94.    # 绘制协方差不等情况下的分界线
```

```python
f12 = (v12[0, 0])*(x**2) + (v12[1, 1])*(y**2) + (v12[0, 1] + v12[1, 0])*(x*y) + w12[0, 0]*x + w12[1, 0]*y + (w_10 - w_20)
f23 = (v23[0, 0])*(x**2) + (v23[1, 1])*(y**2) + (v23[0, 1] + v23[1, 0])*(x*y) + w23[0, 0]*x + w23[1, 0]*y + (w_20 - w_30)
f13 = (v13[0, 0])*(x**2) + (v13[1, 1])*(y**2) + (v13[0, 1] + v13[1, 0])*(x*y) + w13[0, 0]*x + w13[1, 0]*y + (w_10 - w_30)
# 作图
plt.figure()
plt.xlabel('x1')
plt.ylabel('x2')
plt.title('When their covs is not equal')
plt.contour(x, y, f12, 0, colors = 'black')
plt.contour(x, y, f23, 0, colors = 'red')
plt.contour(x, y, f13, 0, colors = 'blue')
# 绘制协方差相等情况下的分界线
g12 = w12_all[0, 0]*x + w12_all[1, 0]*y + (w_10_all - w_20_all)
g23 = w23_all[0, 0]*x + w23_all[1, 0]*y + (w_20_all - w_30_all)
g13 = w13_all[0, 0]*x + w13_all[1, 0]*y + (w_10_all - w_30_all)
plt.figure()
plt.xlabel('x1')
plt.ylabel('x2')
plt.title('When their covs is equal')
plt.contour(x, y, g12, 0, colors = 'black')
plt.contour(x, y, g23, 0, colors = 'red')
plt.contour(x, y, g13, 0, colors = 'blue')
plt.show()
```

运行结果如图 2.3～图 2.5 所示。

```
Python 3.9.12 (main, Apr  4 2022, 05:22:27) [MSC v.1916 64 bit (AMD64)]
Type "copyright", "credits" or "license" for more information.

IPython 8.2.0 -- An enhanced Interactive Python.

In [1]: runfile('C:/Users/admin/Desktop/NormalBayes/NormalBayes.py', wdir='C:/
Users/admin/Desktop/NormalBayes')
协方差不等的情况下:
g(1): [[-64.52282563]]
g(2): [[-12.52282563]]
g(3): [[-20.52282563]]
在协方差不等的情况下,(-2, 2)属于第二类
协方差矩阵不等情况下, 12分界线方程为: 4.000000 x1^2 + -4.000000 x2^2 + -0.000000
x1*x2 + 22.000000 x1 + -12.000000 x2 + 16.000000 = 0
协方差矩阵不等情况下, 23分界线方程为: -4.000000 x1^2 + 0.000000 x2^2 + 8.000000 x1*x2
+ -18.000000 x1 + 16.000000 x2 + -12.000000 = 0
协方差矩阵不等情况下, 13分界线方程为: 0.000000 x1^2 + -4.000000 x2^2 + 8.000000 x1*x2
+ 4.000000 x1 + 4.000000 x2 + 4.000000 = 0
协方差相等的情况下:
g(1): [[-7.8097234]]
g(2): [[-3.0097234]]
g(3): [[-12.07639007]]
在协方差相等的情况下,(-2, 2)属于第二类
协方差矩阵相等情况下, 12分界线方程为:  2.000000 x1 + -0.800000 x2 + 0.800000 = 0
协方差矩阵相等情况下, 23分界线方程为:  -2.266667 x1 + 2.133333 x2 + 0.266667 = 0
协方差矩阵相等情况下, 13分界线方程为:  -0.266667 x1 + 1.333333 x2 + 1.066667 = 0
```

图 2.3　运行结果

彩图 2.4

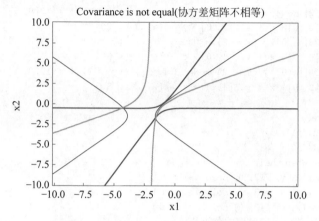

图 2.4　协方差矩阵不相等时三类分界线

彩图 2.5

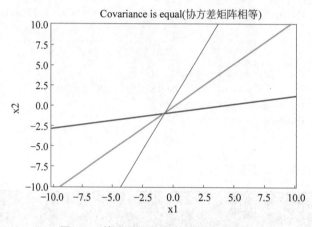

图 2.5　协方差矩阵相等时三类分界线

## 2.4　知识扩展

　　本章假设样本服从正态分布，若不满足正态分布时情况又是怎么样的呢？例如，服从多项式分布或者伯努利分布等。另外，朴素贝叶斯分类器的变体有高斯贝叶斯、多项式贝叶斯、伯努利分布贝叶斯等，有兴趣的同学可以查阅相应的文献。

## 2.5　习题

1. 请解释朴素贝叶斯分类器。
2. 正态贝叶斯分类器中如何求协方差矩阵的行列式和逆矩阵。
3. 列举几个贝叶斯分类器的应用场景。

第 **3** 章

# 线 性 模 型

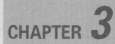

CHAPTER **3**

**本章学习目标**

- 认知类目标：理解回归预测的基本思想。
- 价值类目标：理解线性回归和逻辑回归的基本原理。
- 方法类目标：掌握线性回归分析进行预测方法和逻辑回归进行分类的方法。
- 情感、态度、价值观类目标：理解线性回归和逻辑回归算法在相关领域中的应用，熟练掌握线性回归和逻辑回归进行数据实际预测的案例。了解最新发展动态，能够运用相关知识分析、研究和解决实际问题，深入挖掘其在人工智能专业学科中分类或预测问题中的应用，培养学生解决实际问题的创新意识和社会责任感。

本章主要介绍回归预测的基本概念和基本思想，通过案例介绍两种常用的线性模型——线性回归和逻辑回归，分别介绍它们的基本原理和实现代码。最后介绍正则化在回归中的应用，即岭回归和套索回归。

# 🔑 3.1　回归预测

回归分析是数理统计中探讨两个变量或多个变量之间关系的一种常用工具,在机器学习中可以借鉴回归分析的方法对满足一定关系的变量进行建模。

最简单的回归模型是线性回归模型,即假设响应变量 $Y_i$ 和解释变量 $X_i$ 之间存在某种线性关系。通过建立线性模型,可以利用解释变量 $X_i$ 来对响应变量 $Y_i$ 进行预测。线性回归的预测值是连续的数值数据,若希望最终的预测值也是"属于某类"或者"不属于某类"这样的离散值时,可以采用逻辑回归来进行建模。本章将重点对线性回归模型和逻辑回归模型的基本原理进行解释,并通过实际案例介绍机器学习中回归分析方法的具体使用。在拓展部分将简单介绍套索回归和岭回归的基本思想和操作方法。

# 🔑 3.2　线性回归

## 3.2.1　线性回归的基本原理

线性回归的基本模型,可以用式(3.1)表示。

$$Y_i = \beta_0 + \beta_1 x_{i1} + \cdots + \beta_m x_{im} + e_i, \quad i = 1, 2, \cdots, n \tag{3.1}$$

其中,$\hat{Y}_i = \beta_0 + \beta_1 x_{i1} + \cdots + \beta_k x_{im}$ 表示模型通过解释变量 $x_{i1}, x_{i2}, \cdots, x_{im}$ 的计算得到的预测值;$e_i$ 则是每个预测值 $\hat{Y}_i$ 上的随机扰动,它是一个服从正态分布 $N(0, \sigma^2)$ 的随机变量。式(3.1)中的 $\beta_k$ 是回归系数,它表示每个解释变量 $x_{ik}$ 对响应变量 $Y_i$ 的大小,$\beta_k$ 的值越大,则影响越大;$\beta_0$ 是回归方程中的截距项,表示当解释变量都为零时,响应变量 $\hat{Y}_i$ 的初始值。

在回归分析的过程中,数据集中每个数据的特征都是已知的,并且在训练集上数据的特征 $X_i$(即解释变量)和相应的响应变量 $Y_i$ 也是已知的,通过最小二乘法计算出式(3.1)中的回归系数 $\beta_k$ 确立线性回归模型,该模型可以对响应变量未知的数据进行预测。

图 3.1 展示了采用一维线性回归模型拟合数据的实例。当训练集上的数据 $(x_i, y_i)$ 点被画在直角坐标平面上,如何在拟合这些数据点的直线中找到最好的那条直线呢? 这里就要确定"好"模型的标准。通过残差平方来评价回归模型拟合数据性能。

$$\frac{1}{m} \sum_1^n (Y_i - \hat{Y}_i)^2 = \frac{1}{m} \sum_1^n (\hat{\beta}_0 + \hat{\beta}_1 X_{1i} + \cdots + \hat{\beta}_m X_{mi})^2 \tag{3.2}$$

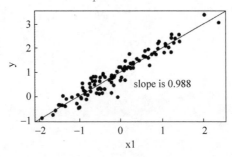

图 3.1　一维线性回归实例

式(3.2)就是线性回归的损失函数。式(3.2)取值最小的系数 $\hat{\beta}_i$ 为模型的回归系数,计算回归系数的算法通常是采用最小二乘法。残差平方和最小的本质,是要去寻找那些使响应变量的真实值和预测值差异最小的解来获得回归系数。

## 3.2.2　线性回归的案例——波士顿房价预测 I

### 1. 案例说明

下面通过波士顿房价数据集的例子来说明线性回归模型建立的过程。

波士顿房价数据集是统计 20 世纪 70 年代中期波士顿郊区房价的中位数,数据集中包括当时郊区部分的犯罪率、房产税等共计 13 个指标(如表 3.1 所示),以及最终的响应变量房价,试图能找到那些指标与房价之间的关系。数据集中包含 506 组数据,使用其中 480 个数据作为训练样本,剩下数据作为测试样本。

表 3.1　波士顿房价部分数据格式

| 列　　号 | 列　　名 | 具 体 含 义 |
|---|---|---|
| 1 | CRIM | 城镇人均犯罪率 |
| 2 | ZN | 住宅用地所占比例 |
| 3 | INDUS | 城镇中非商业用地所占比例 |
| 4 | CHAS | 查理斯河哑变量(如果边界是河流,为 1;否则,为 0) |
| 5 | NOX | 一氧化氮浓度 |
| 6 | RM | 住宅的平均房间数 |
| 7 | AGE | 1940 年以前建成的自住用房比例 |
| 8 | DIS | 距离 5 个波士顿就业中心的加权距离 |
| 9 | RAD | 距离高速公路的便利指数 |
| 10 | TAX | 每一万美元的不动产税率 |
| 11 | PTRATIO | 城镇中教师学生比例 |
| 12 | LSTAT | 属于低收入人群房东的比例 |
| 13 | MEDV | 自住房的房屋均价 |

### 2. 核心代码

下面展示采用线性回归方法进行波士顿房价预测的核心代码。

(1) 导入必要的包。

```
1.  import pandas as pd
2.  from sklearn.linear_model import LinearRegression
3.  from sklearn.metrics import r2_score
4.  from sklearn.metrics import mean_squared_error
5.  import sklearn.datasets as datasets
```

（2）获取训练数据。

```
1.  ♯从 datasets 模块导入波士顿房价数据
2.  boston = datasets.load_boston()
3.  data = boston.data
4.  target = boston.target
```

（3）划分训练集和测试集，其中第 1～480 行作为训练集，第 481～506 行作为测试数据。

```
1.  ♯ 训练数据
2.  X_train = data[:481]
3.  Y_train = target[:481]
4.  ♯ 测试数据
5.  X_test = data[481:]
6.  Y_test = target[481:]
```

（4）构建线性回归模型。

```
1.  lr = LinearRegression()
2.  lr.fit(X_train, Y_train)
3.  ♯ 查看回归模型的系数
4.  print("lr.coef_:{}".format(lr.coef_))
5.  print("lr.intercept_:{}".format(lr.intercept_))
```

（5）模型的评价。

```
1.  lr_y_pred = lr.predict(X_test)          ♯查看在测试集上模型预测的值
2.  print(mean_squared_error(Y_test, Y_pred))      ♯查看模型的均方误差
3.  print("Test set score:{:.2f}".format(lr.score(X_test, Y_test)))  ♯查看模型在测试集上的得分
```

（6）绘制图形。

```
1.  import matplotlib.pyplot as plt
2.  plt.plot(Y_test, 'o-', label = "True")
3.  plt.plot(lr_y_pred, 'r--', label = "Line")
4.  plt.legend()
```

### 3. 结果展示

模型的系数值分别为：$\beta_0 = 39.954\ 347\ 254\ 942\ 18$，$\beta_1 = -1.062\ 897\ 51e-01$，$\beta_2 = 4.326\ 563\ 33e-02$，$\beta_3 = 7.730\ 730\ 07e-04$，$\beta_4 = 2.315\ 937\ 74e+00$，$\beta_5 = -1.698\ 431\ 21e+01$，$\beta_6 = 3.307\ 384\ 65e+00$，$\beta_7 = 1.530\ 599\ 47e-02$，$\beta_8 = -1.321\ 256\ 33e+00$，$\beta_9 = -3.125\ 052\ 53e-01$，$\beta_{10} = -1.259\ 560\ 06e-02$，$\beta_{11} = -1.008\ 082\ 14e+00$，$\beta_{12} = 8.182\ 190\ 26e-03$，$\beta_{13} = -5.827\ 778\ 05e-01$。

　　模型的均方误差 MSE 为 $19.587\,266\,398\,327\,9$,模型的得分为 $0.77$。从这两个指标可以看出波士顿房价的线性回归模型具有较小的误差,能够较好地预测波士顿的房价数据。线性回归模型的预测值和真实值比较如图 3.2 所示。

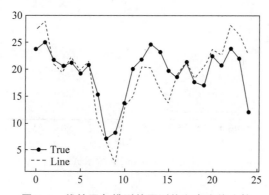

图 3.2　线性回归模型的预测值和真实值比较

## 🔑 3.3　逻辑回归

### 3.3.1　逻辑回归的基本原理

　　逻辑回归(Logistic Regression)是机器学习中的一种分类模型,是回归在分类问题的应用。逻辑回归主要应用于响应变量是离散值,特别是二元离散值的情况。例如,预测是否患病(患病为 1,不患病为 0),是否为垃圾邮件(是垃圾邮件为 1,不是为 0),是否为虚假账号等。

　　逻辑回归的输入数据是关于属性的特征向量。数据进来后,要经过下面三步计算。

　　(1) 计算线性回归的结果。

$$y = \theta_0 x_0 + \theta_1 x_1 + \cdots + \theta_n x_n \tag{3.3}$$

采用矩阵的形式进行描述有:

$$\boldsymbol{y} = \sum_{i=1}^{n} \boldsymbol{\theta}_i \boldsymbol{x}_i = \boldsymbol{\theta}^{\mathrm{T}} \boldsymbol{x} \tag{3.4}$$

　　(2) 采用 Sigmoid 函数作为激活函数。

$$h_\theta(\boldsymbol{x}) = g(\boldsymbol{\theta}^{\mathrm{T}} \boldsymbol{x}) = \frac{1}{1 + \mathrm{e}^{-\boldsymbol{\theta}^{\mathrm{T}} \boldsymbol{x}}}$$

通过 Sigmoid 函数计算的结果是一个在 $[0,1]$ 区间的概率值,如图 3.3 所示。

　　(3) 判断样本的最终类别。

　　逻辑回归最终的分类根据上一步计算出的概率值来进行预测,默认情况下阈值为 $0.5$。若 $h_\theta(\boldsymbol{x}) > 0.5$,则将样本分入正类;若 $h_\theta(\boldsymbol{x}) < 0.5$,则将样本分入负类。例如,有 $A$、$B$ 两个类别,假设算出的概率值是输入 $A$ 这个类别的概率值,即 $A$ 类为正类,如果算出的概率值为 $0.6$,该值超过了 $0.5$,则样本被预测的类别为 $A$ 类;若概率值算出来为 $0.3$,小于阈值 $0.5$,则该样本被预测为 $B$ 类。

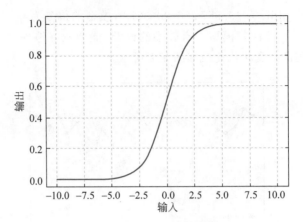

图 3.3　Sigmoid 函数图像

### 3.3.2　逻辑回归的损失函数

逻辑回归的损失函数为：

$$J(\boldsymbol{\theta}) = \frac{1}{m}\sum_{i=1}^{m}\text{Cost}(h_{\boldsymbol{\theta}}(\boldsymbol{x}^{(i)}, \boldsymbol{y}^{(i)}))$$

式中，

$$\text{Cost}(h_{\theta}(\boldsymbol{x}, \boldsymbol{y})) = \begin{cases} -\log(h_{\boldsymbol{\theta}}(\boldsymbol{x})), & \text{如果 } y=1 \\ -\log(1-h_{\boldsymbol{\theta}}(\boldsymbol{x})), & \text{如果 } y=0 \end{cases}$$

这样构建的 $\text{Cost}(h_{\theta}(\boldsymbol{x}, \boldsymbol{y}))$ 函数的特点如下。

（1）当实际 $y=1$ 且 $h_{\boldsymbol{\theta}}$ 也为 1 时，损失为 0；当 $y=1$ 但 $h_{\boldsymbol{\theta}}$ 不为 0 时，损失会随着 $h_{\boldsymbol{\theta}}$ 的变大而变大，即真实值与预测值差距变大。

（2）当实际 $y=0$ 且 $h_{\boldsymbol{\theta}}$ 也为 0 时，损失为 0；当 $y=0$ 当 $h_{\boldsymbol{\theta}}$ 不为 0 时，损失会随着 $h_{\boldsymbol{\theta}}$ 的变大而变大，即真实值与预测值差距变大。

可将构建的 $\text{Cost}(h_{\boldsymbol{\theta}}(\boldsymbol{x}, \boldsymbol{y}))$ 函数等价地写成如下形式：

$$\text{Cost}(h_{\boldsymbol{\theta}}(\boldsymbol{x}, \boldsymbol{y})) = -y \times \log(h_{\boldsymbol{\theta}}(\boldsymbol{x})) - (1-y) \times \log(1-h_{\boldsymbol{\theta}}(\boldsymbol{x}))$$

代入上面公式中，得到逻辑回归的损失函数 $J(\boldsymbol{\theta})$ 的表达式为：

$$J(\boldsymbol{\theta}) = -\frac{1}{m}\left[\sum_{i=1}^{m} y^{(i)}\log h_{\boldsymbol{\theta}}(x^{(i)}) + (1-y^{(i)})\log(1-h_{\boldsymbol{\theta}}(x^{(i)}))\right]$$

### 3.3.3　逻辑回归的案例——泰坦尼克号乘客预测

#### 1. 案例说明

泰坦尼克号乘客数据集是数据科学竞赛平台 Kaggle 上最经典的数据集之一。这个数据集中响应变量 Survived 的取值为是否生还，1 为生还，0 为未生还。在本案例中要根据乘客数据的信息，来预测其是否能够生还。因此该问题是一个经典的分类问题，可以采用逻辑回归来进行建模和预测。

泰坦尼克号乘客数据集的下载网址是 https://www.kaggle.com/c/titanic。数据集中的具体字段如表 3.2 所示。

表 3.2 泰坦尼克号乘客数据集格式

| 列 号 | 列 名 | 具 体 含 义 |
|---|---|---|
| 1 | PassengerId | 乘客编号 |
| 2 | Survived | 是否生还(1 为生还,0 为未生还) |
| 3 | Pclass | 船舱等级,类别数据 |
| 4 | Name | 乘客姓名 |
| 5 | Sex | 乘客性别,类别数据 |
| 6 | Age | 乘客年龄,数值数据 |
| 7 | SibSp | 乘客在船上的兄弟姐妹及配偶数量,数值数据 |
| 8 | Parch | 乘客在船上的父母和子女数量,数值数据 |
| 9 | Ticket | 船票编号 |
| 10 | Fare | 票价 |
| 11 | Cabin | 舱位 |
| 12 | Embarked | 登船港口,类别数据 |

### 2. 核心代码

下面展示采用逻辑回归方法进行泰坦尼克号乘客生存与否预测的核心代码。
(1) 导入必要的包。

```
1.   import numpy as np
2.   import pandas as pd
3.   import matplotlib.pyplot as plt
```

(2) 导入数据。

```
1.   df = pd.read_csv('.\data\Titanic.csv')
```

(3) 查看数据的基本信息。

```
1.   df.info()
2.   df.head()
```

查看数据的情况如图 3.4 和图 3.5 所示。

从 Titanic.csv 的数据集上可以看到 Age 字段有 177 个空缺值,Sex 字段的值有两个,分别是 male 和 female,要将这两个值转换为数值型数据。
(4) 完成数据预处理。

```
1.   # 对 Sex 字段进行编码,male 是 0,female 是 1
2.   df['Sex'] = df['Sex'].map({'male':0, 'female':1})
3.   # 用均值填充 Age 字段的空缺值
4.   df.Age.fillna( value = df.Age.mean(), inplace = True)
```

```
<class 'pandas.core.frame.DataFrame'>
RangeIndex: 891 entries, 0 to 890
Data columns (total 12 columns):
 #   Column       Non-Null Count  Dtype
---  ------       --------------  -----
 0   PassengerId  891 non-null    int64
 1   Survived     891 non-null    int64
 2   Pclass       891 non-null    int64
 3   Name         891 non-null    object
 4   Sex          891 non-null    object
 5   Age          714 non-null    float64
 6   SibSp        891 non-null    int64
 7   Parch        891 non-null    int64
 8   Ticket       891 non-null    object
 9   Fare         891 non-null    float64
 10  Cabin        204 non-null    object
 11  Embarked     889 non-null    object
dtypes: float64(2), int64(5), object(5)
memory usage: 83.7+ KB
```

图 3.4  查看数据的基本信息

| PassengerId | Survived | Pclass | Name | Sex | Age | SibSp | Parch | Ticket | Fare | Cabin | Embarked |
|---|---|---|---|---|---|---|---|---|---|---|---|
| 1 | 0 | 3 | Braund, Mr. Owen Harris | male | 22.0 | 1 | 0 | A/5 21171 | 7.2500 | NaN | S |
| 2 | 1 | 1 | Cumings, Mrs. John Bradley (Florence Briggs Th...) | female | 38.0 | 1 | 0 | PC 17599 | 71.2833 | C85 | C |
| 3 | 1 | 3 | Heikkinen, Miss. Laina | female | 26.0 | 0 | 0 | STON/O2. 3101282 | 7.9250 | NaN | S |
| 4 | 1 | 1 | Futrelle, Mrs. Jacques Heath (Lily May Peel) | female | 35.0 | 1 | 0 | 113803 | 53.1000 | C123 | S |
| 5 | 0 | 3 | Allen, Mr. William Henry | male | 35.0 | 0 | 0 | 373450 | 8.0500 | NaN | S |

图 3.5  查看数据的前 5 条记录

(5) 划分训练集和测试集。

```
1.  # 选择 Pclass,Sex,Age,SibSp,Parch 和 Fare 作为自变量,Survived 作为预测变量
2.  titanic = df[['Pclass', 'Sex', 'Age', 'SibSp', 'Parch', 'Fare', 'Survived']]
3.  X = titanic.iloc[:,0:6]
4.  y = titanic.iloc[:,6:7]
5.  from sklearn.model_selection import train_test_split
6.  X_train, X_test, y_train, y_test = train_test_split(X, y, test_size = 0.2, random_state = 0)
```

(6) 特征矩阵进行归一化处理。

```
1.  from sklearn.preprocessing import StandardScaler
2.  sc = StandardScaler()
3.  X_train = sc.fit_transform(X_train)
4.  X_test = sc.transform(X_test)
```

(7) 建立逻辑回归模型。

```
1.  from sklearn.linear_model import LogisticRegression
```

```
2.   classifier = LogisticRegression(random_state = 0)
3.   classifier.fit(X_train, y_train)
4.   ♯ 获得测试集上的预测值
5.   y_pred = classifier.predict(X_test)
```

（8）评价模型的性能。

```
1.   ♯ 计算模型的分类正确率
2.   from sklearn.metrics import accuracy_score
3.   printf( accuracy_score(y_test, y_pred) )        ♯在测试集的预测准确率约为 79%
4.   ♯ 计算模型的混淆矩阵
5.   from sklearn.metrics import confusion_matrix
6.   df = pd.DataFrame(
7.       confusion_matrix(y_test, y_pred),
8.       columns = ['预测未幸存', '预测幸存'],
9.       index = ['实际未幸存', '实际幸存']
10.  )
11.  printf( df )
12.  ♯ 绘制 ROC 曲线,计算 ROC 曲线下面积
13.  from sklearn.metrics import plot_roc_curve, roc_curve, auc, roc_auc_score
14.  ♯ 绘制 ROC 曲线
15.  fig, ax = plt.subplots(figsize = (6,4))
16.  lr_roc = plot_roc_curve( estimator = classifier, X = X_test, y = y_test, ax = ax,
     linewidth = 1)
17.  ♯ 计算 ROC 曲线下面积
18.  printf( roc_auc_score(y_test, y_pred))           ♯ 0.775
19.  plt.show()
```

## 3. 结果展示

结果如图 3.6 和图 3.7 所示。

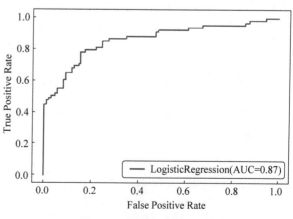

图 3.7　模型的 ROC 曲线

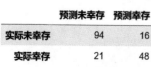

| | 预测未幸存 | 预测幸存 |
|---|---|---|
| 实际未幸存 | 94 | 16 |
| 实际幸存 | 21 | 48 |

图 3.6　模型的混淆矩阵

# 🔑 3.4 其他回归模型

当用线性回归解决某些机器学习问题时,会遇到过拟合问题。造成过拟合的原因有很多,比如数据的特征之间存在较强的多重共线性,数据特征较多而训练数据较少,或者数据存在较多噪声等情况。当训练数据训练出的模型参数多导致模型复杂,模型在训练集上拟合效果较好,但是在测试集上预测效果很差时,往往出现了过拟合。

解决过拟合的方法有很多种,正则化是处理过拟合问题的重要手段之一。在大部分机器学习模型的损失函数中,可以通过添加正则项来缩小参数值。在线性回归模型的损失函数中,若添加 L1 正则项,则称为套索(Lasso)回归;若添加一个 L2 正则化,则称为岭(Ridge)回归。

## 3.4.1 套索回归

套索回归即是在线性回归模型的损失函数中添加 L1 范数。套索回归的损失函数为:

$$\min_{\omega} \frac{1}{n} \parallel X\omega - Y \parallel_2^2 + \alpha \parallel \omega \parallel_1$$

L1 正则化可以产生稀疏的模型,使得一些特征项的系数为 0,因而可以用于选择特征,只留下系数不为 0 的特征。

## 3.4.2 岭回归

岭回归是在损失函数中添加 L2 范数的平方作为正则项来训练模型。岭回归的损失函数为:

$$\min_{\omega} \frac{1}{n} \parallel X\omega - Y \parallel_2^2 + \alpha \parallel \omega \parallel_2^2$$

L1 正则化会趋向于选择较少的特征,从而使得其他特征的系数都为 0,而 L2 正则化会选择更多特征,从而这些特征的系数都会接近 0。模型拟合过程中通常倾向于让参数尽可能小,数据即使发生了一定的偏移也不会对拟合结果造成太大影响,从而提升模型的泛化性能。

## 3.4.3 套索回归和岭回归的案例——波士顿房价预测Ⅱ

还是使用波士顿房价案例来解释岭回归和套索回归编码过程。
(1) 导入必要的包。

```
1.  from sklearn.datasets import load_boston
2.  from sklearn.preprocessing import MinMaxScaler, PolynomialFeatures
3.  from sklearn.model_selection import train_test_split
4.  import numpy as np
```

（2）加载波士顿房价数据集。

```
1.   def load_extended_boston():
2.            boston = load_boston()
3.   X = boston.data
4.   # 数据归一化处理
5.            X = MinMaxScaler().fit_transform(boston.data)
6.            # 波士顿房价数据集的特征增加到了 105 个
7.            X = PolynomialFeatures(degree = 2, include_bias = False).fit_transform(X)
8.   return X, boston.target
9.
10.  X, y = load_extended_boston()
```

（3）划分训练数据和测试数据。

```
1.   X_train, X_test, y_train, y_test = train_test_split(X, y, random_state = 0)
```

（4）构建模型。

```
1.   # 构建线性回归模型
2.   from sklearn.linear_model import LinearRegression
3.   lr = LinearRegression().fit(X_train, y_train)
4.   print("Training set score:{:.2f}".format(lr.score(X_train, y_train)))
                                              # 训练集的测试分数
5.   print("Test set score:{:.2f}".format(lr.score(X_test, y_test)))      # 测试集的测试
6.   # Training set score:0.95,Test set score:0.61,说明出现过拟合
7.
8.       # 构建岭回归模型
9.   from sklearn.linear_model import Ridge
10.  ridge = Ridge().fit(X_train, y_train)                # 正则化系数 alpha,默认为 1.0
11.  print("Training set score:{:.2f}".format(ridge.score(X_train, y_train)))
                                              # 训练集的测试分数
12.  print("Test set score:{:.2f}".format(ridge.score(X_test, y_test)))
                                              # 测试集的测试分数
13.  # Training set score:0.89,Test set score:0.75
14.
15.  ridge = Ridge(alpha = 0.8).fit(X_train, y_train)
16.  print("Training set score:{:.2f}".format(ridge.score(X_train, y_train)))
                                              # 训练集的测试分数
17.  print("Test set score:{:.2f}".format(ridge.score(X_test, y_test)))
                                              # 测试集的测试分数
18.  # 减小 alpha 可以让系数(w)受到的限制更小
19.  # 当 alpha 特别小的时候就与普通的 LinearRegression 没什么区别
20.
21.  # 构建套索回归模型
22.  from sklearn.linear_model import Lasso
23.  lasso = Lasso().fit(X_train, y_train)                # 正则化系数 alpha,默认为 1.0
24.  print("Training set score:{:.2f}".format(lasso.score(X_train, y_train)))
25.  print("Test set score:{:.2f}".format(lasso.score(X_test, y_test)))
```

```
26.    print("Number of features used:{}".format(np.sum(lasso.coef_ != 0)))
27.    # Training set score:0.29,Test set score:0.21,
28.    # Number of features used:4
29.    # alpha = 1.0 的套索回归模型得分很低,此时模型的特征缩减到 4 个
30.
31.    lasso001 = Lasso(alpha = 0.01, max_iter = 100000).fit(X_train, y_train)
32.    print("Training set score:{:.2f}".format(lasso001.score(X_train, y_train)))
33.    print("Test set score:{:.2f}".format(lasso001.score(X_test, y_test)))
34.    print("Number of features used:{}".format(np.sum(lasso001.coef_ != 0)))
35.    # Training set score:0.90,Test set score:0.77
36.    # Number of features used:33
37.    # alpha = 0.01 的套索回归模型得分为 0.77,,此时模型的特征有 33 个
```

# 3.5    知识扩展

目前,线性模型正则化主要用 L1、L2 正则化。除此之外,还存在另外的正则化技术,需要视具体问题而定,可以查阅相关正则化方面的文献。

# 3.6    习题

1. 简述线性回归的基本原理。
2. 简述逻辑回归的基本原理。
3. 对鲍鱼数据集分别采用线性回归、岭回归和套索回归来进行建模,并比较模型性能。

# 第4章

# 决 策 树

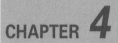

CHAPTER **4**

**本章学习目标**

· 认知类目标：理解决策树算法的基本原理。

· 价值类目标：掌握决策树训练算法。

· 方法类目标：会正确使用决策树算法解决相关问题。

· 情感、态度、价值观类目标：理解决策树算法在相应领域中的应用；了解最新发展动态以及相关发展状况，熟练掌握使用决策树进行员工离职预测的案例，能够运用相关计算技巧解决实际问题，提高学生的算法决策能力，为人工智能中的算法优化打下扎实的基础，激发学生的后续学习人工智能知识产生更强烈的求知欲望。

本章介绍决策树的基本概念和决策树算法进行分类或回归的基本思想；同时引入评价决策树中节点纯度的两个重要指标——基尼系数和信息熵；介绍预剪枝的用途和基本思想；在扩展部分简单介绍了决策树进行回归的基本原理。

# 🔍 4.1　什么是决策树

决策树是一种用来表示人类决策过程的树形结构。例如,银行要确定是否给客户发放贷款,需要考察客户的收入与房产情况。一般银行是按照下面过程进行决策,如图 4.1 所示。

(1)判断客户的年收入是否大于 15 万元,如果大于可以贷款;否则,继续判断。

(2)判断客户是否有房产。如果有房产,可以贷款;否则,不能贷款。

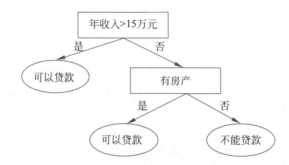

图 4.1　分类决策树的示例

决策树是一棵倒着生长的树,最顶端的节点称为根节点,下面没有任何分支的节点称为叶节点。树中的每个非叶节点,即矩形节点表示一个测试条件,通常是选择数据集中的某个特征进行一定的条件判断,每个分支表示测试条件的一种可能取值。每个叶节点,即椭圆形节点为决策树的输出值。如果是分类问题,则输出值为类别,例如"可以贷款"和"不能贷款"两个类别。如果是回归决策树,则输出一个连续数值,表示决策树回归模型预测出的函数值。例如,图 4.2 为回归决策树的示例。

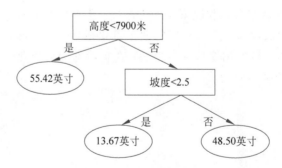

图 4.2　回归决策树的示例

使用决策树作预测的过程是:从根节点出发,测试节点上的条件,选择相应的分支,逐层往下,直到叶节点为止,输出此叶节点的值(类别或者连续数值)。

典型的决策树算法有 ID3、C4.5、CART(Classification And Regression Tree,分类与回归树)等。在 Python 的 sklearn 包中调用的回归模型主要采用 CART 算法。

# 4.2　构建决策树

## 4.2.1　构建决策树的基本过程

决策树构建的基本过程,就是选择恰当的测试条件作为非叶子节点,逐步划分多个数据子集。每个子集对应一个分支,采用自定向下方法逐步生成决策树中的所有节点,直到叶节点能够准确产生预测结果为止。

构建决策树的基本过程如下。

(1) 在样本集 $D$ 上寻找到一个最优测试条件构建根节点,将样本集分裂为 $D_1$ 和 $D_2$ 两个子集;

(2) 对样本集 $D_1$,采用第(1)步策略,递归建立左子树;

(3) 对于样本集 $D_2$,采用第(1)步策略,递归建立右子树;

(4) 这个过程不断重复,直到:

① 该集合中所有样例都属于同一类别;

② 达到预先设定的停止条件,如树的最大深度、叶节点的最少样例数等。

在上述过程中,如何在当前样本集 $D$ 上选择最优的划分条件是关键问题,即选择哪个特征,该特征的判定规则又是什么,是决定决策树进行划分的关键。决策树的算法中通过计算划分后每个样本子集 $D_i$ 的纯度的变化来决定最优的划分条件。具体来说,就是对每个测试条件,计算出当它用作划分节点后可以减少的不纯度,然后选择不纯度减少量最大的那个条件作为最优划分条件。因此,如何度量样本集 $D$ 上的不纯度是问题的关键。

在此,介绍两种主要的不纯度度量参数:基尼系数和信息熵。

## 4.2.2　基尼系数

基尼系数(Gini)用于计算一个系统中的失序现象,即系统的混乱程度(纯度)。基尼系数越高,系统的混乱程度就越高,纯度越低。建立决策树模型的目的就是降低系统的混乱程度,提高样本子集 $D_i$ 的纯度,从而得到合适的数据分类效果。

样本集 $D$ 的基尼系数计算公式如下:

$$\text{Gini}(D) = 1 - \sum p_i^2 \tag{4.1}$$

其中,$p_i = \dfrac{N_i}{N}$,$N_i$ 是第 $i$ 类样本数,$N$ 为总样本数。

当样本集 $D$ 被某个划分条件分为左右两个样本子集 $D_L$ 和 $D_R$ 后,可以利用左、右子集 $D_L$ 和 $D_R$ 的基尼系数之和作为分类后的基尼系数:

$$\text{Gini}(D) = \frac{N_L}{N}\text{Gini}(D_L) + \frac{N_R}{N}\text{Gini}(D_R) \tag{4.2}$$

若选择某个特征作为分类条件使得分类后的基尼系数最小,则可以选择该条件作为最优的划分条件来构建子树。

例如,一个初始样本中有 1000 个员工,其中已知有 400 人离职,600 人不离职。划分前该系统的基尼系数为 $1-(0.4^2+0.6^2)=0.48$,下面采用两种方式决定根节点:一是根据"满意度<5"进行分类;二是根据"收入<10 000 元"进行分类。从图 4.3 中可以看到,划分前的基尼系数为 0.48;以"满意度<5"为根节点划分后基尼系数为 0.3;而以"收入<10 000元"为根节点进行划分后,基尼系数为 0.45。基尼系数越低表示系统的混乱程度越低,纯度越高,越适合用来做分类条件,因此这里选择"满意度<5"作为根节点。

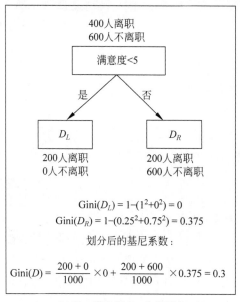
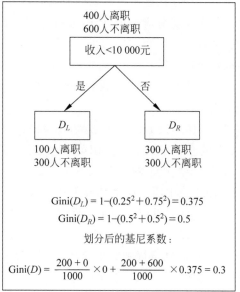

(a) 以"满意度<5"为根节点

(b) 以"收入<10 000元"为根节点

图 4.3　计算 Gini 系数的示例

## 4.2.3　信息熵和信息增益

熵是热力学中的一个概念,用来衡量一个系统的无序度,一个系统越无序,它的熵就越大。在信息论中引入了"熵"的概念提出了信息熵。信息熵衡量了随机变量不确定性,取值越大,说明随机变量的不确定性就越大,即它的信息量越大。在构建决策树模型过程中,信息熵的作用和基尼系数是一致的,都是在当前样本集 $D$ 上寻找最优的划分节点。

信息熵的计算公式如下:

$$H(X)=-\sum_{i=1}^{n}p_i\log_2 p_i \tag{4.3}$$

其中,$X$ 表示随机变量,其取值为 $X_1,X_2,\cdots,X_n$,$p_i$ 表示随机变量 $X$ 取值为 $X_i$ 时发生的概率,且有 $\sum p_i=1$。在 $n$ 分类问题中类别标签就有 $n$ 个取值,例如在员工离职的预测模型中,$X$ 的取值就是"离职"与"不离职"两种。

当引入某个用于进行分类的变量 $A$(如"满意度<5"),则根据变量 $A$ 划分后的信息熵又称为条件熵,其计算公式如下:

$$H_A(X)=\frac{S_1}{S_1+S_2}H(X_1)+\frac{S_2}{S_1+S_2}H(X_2) \tag{4.4}$$

其中，$S_1$、$S_2$ 为划分后的两类各自的样本量，$H(X_1)$ 和 $H(X_2)$ 为两类各自的信息熵。

为了衡量不同划分方式降低信息熵的效果，还需要计算分类后信息熵的减少值（原系统的信息熵与分类后系统的信息熵之差），该减少值称为熵增益或信息增益，其值越大，说明分类后的系统混乱程度越低，即分类越准确。信息增益的计算公式如下：

$$\text{Gain}(A) = H(X) - H_A(X) \tag{4.5}$$

下面继续用前面讲解基尼系数的例子来讲解信息熵的计算和应用，如图 4.4 所示。

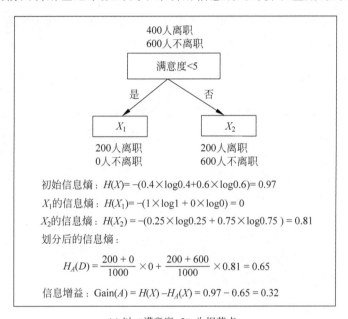

(a) 以 "满意度<5" 为根节点

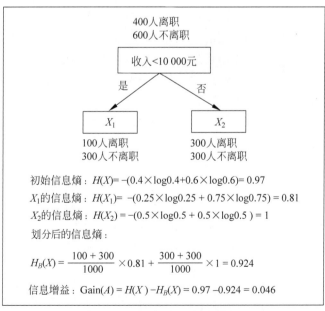

(b) 以 "收入<10 000元" 为根节点

图 4.4 计算信息熵和信息增益的示例

根据方式 1 划分后的信息增益为 0.32，大于根据方式 2 划分后的信息增益 0.046，因此选择根据方式 1 进行决策树的划分，这样能更好地降低系统的混乱程度。这个结论和之前用基尼系数计算得到的结论是一样的。

# 🔍 4.3　修剪决策树

如果决策树的结构过于复杂，可能会导致过拟合问题，为了解决此问题，通常需要对决策数据进行剪枝。决策树的剪枝策略有预剪枝和后剪枝两种。

## 4.3.1　预剪枝

预剪枝是在决策树构建过程中，依据预先设定的条件，提前终止树的生长，从而控制树的复杂度。预剪枝可以通过限制树的高度、节点的训练样本数、分裂所带来的纯度提升的最小值来实现。

以 sklearn 库中实现决策树的算法为例，可以预先设定以下条件来实现预剪枝。

- 决策树的最大深度（max_depth）；
- 决策树的最大叶子数（max_leaf_nodes）；
- 可分裂节点应包含的最少样例数（min_samples_split）；
- 叶节点应包含的最少样例数（min_samples_leaf）；
- 不纯度减少的最小量（min_impurity_decrease）。

## 4.3.2　后剪枝

后剪枝是在决策树构建完成之后进行剪枝，得到一棵简化的树。后剪枝的典型算法有降低错误剪枝（Reduced-Error Pruning，REP）、悲观错误剪枝（Pessimistic Error Pruning，PEP）、代价-复杂度剪枝（Cost-Complexity Pruning，CCP）等方案。

sklearn 库从 0.22 版本开始，实现了代价复杂度的后剪枝策略。其中代价是指在剪枝过程中一个非叶子节点被替换为一个叶子节点，从而增加了预测错误；复杂度具体指子树中所包含的叶节点个数。剪枝算法定义了一个参数 $\alpha$ 衡量剪枝的代价和复杂度降低之间的关系。$\alpha$ 具体定义公式如下：

$$\alpha = \frac{C(t) - C(T_t)}{|T_t| - 1}$$

其中，$T_t$ 为以 $t$ 为根节点的子树；$|T_t|$ 为子树中叶节点的个数；$C(T_t)$ 和 $C(t)$ 分别为剪枝前后子树的预测错误。sklearn 中实现的后剪枝算法首先计算决策树中每个非叶子节点的 $\alpha$ 值，然后循环剪掉具有最小 $\alpha$ 值的子树，直到最小 $\alpha$ 值大于用户预先给定的参数值 ccp_alpha 为止。

一般情况下，后剪枝决策树的欠拟合风险很小，泛化性能往往优于预剪枝决策树。但后剪枝过程是在生成完全决策树之后进行，并且要自底向上地逐一考查树中所有非叶子节点，因此其训练时间比未剪枝和预剪枝决策树都要多得多。

# 🔑 4.4　决策树案例——员工流失分析

## 1. 案例说明

企业培养人才需要大量的成本,为了防止人才再次流失,应当注重员工流失分析。员工流失分析是评估公司员工流动率的过程,目的是找到影响员工流失的主要因素,预测未来的员工离职状况,减少重要价值员工流失。本案例采用 Kaggle 平台分享的一个员工流失的数据集。数据集共有 10 个字段,14 999 条记录。数据主要包括影响员工离职的各种因素(员工满意度、绩效考核、参与项目数、平均每月工作时长、工作年限、是否发生过工作差错、5 年内是否升职、部门、薪资)以及员工是否已经离职的记录。字段说明如表 4.1 所示。

表 4.1　员工流失数据集格式

| 列　号 | 列　名 | 具 体 含 义 |
|---|---|---|
| 1 | satisfaction_level | 员工满意度,数值数据 |
| 2 | last_evaluation | 最新绩效考核,数值数据 |
| 3 | number_project | 参与项目数,数值数据 |
| 4 | average_montly_hours | 平均每月工作时长,数值数据 |
| 5 | average_montly_hours | 平均每月工作时长,数值数据 |
| 6 | time_spend_company | 工作年限,类别数据 |
| 7 | Work_accident | 是否发生过工作差错,类别数据 |
| 8 | promotion_last_5years | 5 年内是否升职,类别数据 |
| 9 | sales | 部门,类别数据 |
| 10 | salary | 薪资,类别数据 |
| 11 | left | 是否离职,1:离职;0:未离职 |

## 2. 核心代码

下面为采用决策树算法实现员工离职数据预测的核心代码。

(1) 导入包。

```
1.  import numpy as np
2.  import pandas as pd
3.  import matplotlib.pyplot as plt
4.  import seaborn as sns
5.  plt.rcParams['font.sans - serif'] = ['SimHei']      # 用来正常显示中文标签
6.  plt.rcParams['axes.unicode_minus'] = False          # 用来正常显示负号
```

(2) 加载数据。

```
1.  df = pd.read_csv('.\data\HR_comma_sep.csv')
2.  # 查看数据基本信息
3.  df.info()
```

代码运行结果如图 4.5 所示。该数据集干净，没有空缺值。

```
<class 'pandas.core.frame.DataFrame'>
RangeIndex: 14999 entries, 0 to 14998
Data columns (total 10 columns):
 #   Column                 Non-Null Count   Dtype
---  ------                 --------------   -----
 0   satisfaction_level     14999 non-null   float64
 1   last_evaluation        14999 non-null   float64
 2   number_project         14999 non-null   int64
 3   average_montly_hours   14999 non-null   int64
 4   time_spend_company     14999 non-null   int64
 5   Work_accident          14999 non-null   int64
 6   left                   14999 non-null   int64
 7   promotion_last_5years  14999 non-null   int64
 8   sales                  14999 non-null   object
 9   salary                 14999 non-null   object
dtypes: float64(2), int64(6), object(2)
memory usage: 1.1+ MB
```

**图 4.5　查看数据集的基本信息**

（3）数据预处理。

```
1.  df['salary'] = df['salary'].map({"low": 0, "medium": 1, "high": 2})
2.  df_dummies = pd.get_dummies(df, prefix = 'sales')    # 增加哑变元
```

（4）数据建模。

```
1.   from sklearn.model_selection import train_test_split, GridSearchCV
2.   from sklearn.tree import DecisionTreeClassifier
3.   from sklearn.ensemble import RandomForestClassifier
4.   from sklearn.metrics import classification_report, f1_score, roc_curve, plot_roc_curve
5.   # 划分训练集和测试集
6.   x = df_dummies.drop('left', axis = 1)
7.   y = df_dummies['left']
8.   X_train, X_test, y_train, y_test = train_test_split(x, y, test_size = 0.2, stratify = y,
     random_state = 2020)
9.   print( X_train.shape, X_test.shape, y_train.shape, y_test.shape )
10.  # (11999, 18) (3000, 18) (11999,) (3000,)
11.  # 训练模型
12.  clf = DecisionTreeClassifier(criterion = 'gini', max_depth = 5, random_state = 25)
13.  clf.fit(X_train, y_train)
14.  train_pred = clf.predict(X_train)          # 模型在训练集上的预测值
15.  test_pred = clf.predict(X_test)            # 模型在测试集上的预测值
16.  # 查看模型的性能
17.  print('训练集: ', classification_report(y_train, train_pred))
18.  print('-' * 60)
19.  print('测试集: ', classification_report(y_test, test_pred))
```

模型的分类性能如图 4.6 所示。

假设关注的是 1 类（即离职类）的 F1-score，可以看到训练集的分数为 0.95，测试集分数为 0.95。

| 训练集: | precision | recall | f1-score | support |
|---|---|---|---|---|
| 0 | 0.98 | 0.99 | 0.98 | 9142 |
| 1 | 0.97 | 0.93 | 0.95 | 2857 |
| accuracy | | | 0.98 | 11999 |
| macro avg | 0.97 | 0.96 | 0.97 | 11999 |
| weighted avg | 0.98 | 0.98 | 0.97 | 11999 |

---------------------------------------------------------

| 测试集: | precision | recall | f1-score | support |
|---|---|---|---|---|
| 0 | 0.98 | 0.99 | 0.98 | 2286 |
| 1 | 0.97 | 0.93 | 0.95 | 714 |
| accuracy | | | 0.98 | 3000 |
| macro avg | 0.97 | 0.96 | 0.97 | 3000 |
| weighted avg | 0.98 | 0.98 | 0.98 | 3000 |

图 4.6　查看模型的分类性能

```
1.  # 特征重要性
2.  imp = pd.DataFrame( [ * zip(X_train.columns, clf.feature_importances_)], columns = ['vars',
    'importance'])
3.  imp.sort_values('importance', ascending = False)
4.  imp = imp[imp.importance!= 0]
```

模型中各特征的重要性如图 4.7 所示。

| | vars | importance |
|---|---|---|
| **0** | satisfaction_level | 0.528842 |
| **1** | last_evaluation | 0.147619 |
| **2** | number_project | 0.099805 |
| 3 | average_montly_hours | 0.066193 |
| **4** | time_spend_company | 0.157450 |
| 17 | sales_technical | 0.000091 |

图 4.7　查看模型中各特征的重要性

## 3. 结果展示

```
1.  # 构造一个三层的决策树模型
2.  clf_ = DecisionTreeClassifier(criterion = 'gini', max_depth = 3, random_state = 25)
3.  clf_.fit(X_train, y_train)
4.  train_pred = clf_.predict(X_train)
5.  test_pred = clf_.predict(X_test)
6.  # 给出训练集与验证集准确率
7.  print(clf_.score(X_train, y_train))        # 0.9511625968830736
8.  print(clf_.score(X_test, y_test))          # 0.9583333333333334
9.
10. import graphviz
11. import pydotplus
12. from sklearn import tree
13. from IPython.display import Image, display
```

```
14.   dot_data = tree.export_graphviz(clf_, out_file = None,
15.            feature_names = X_train.columns,
16.            class_names = ['no_left','left'],
17.            filled = True, rounded = True,
18.            special_characters = True)
19.   graph = pydotplus.graph_from_dot_data(dot_data)
20.   display(Image(graph.create_png()))
21.   graph.write_png(r'pang.png')
22.   path = 'pang.png'
23.   image = plt.imread(path)
24.   plt.imshow(image)
25.   plt.show()
```

决策树模型的可视化如图 4.8 所示。

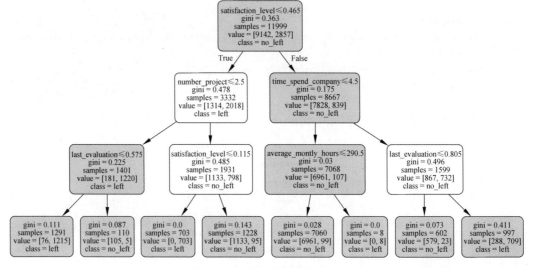

图 4.8　决策树模型的可视化

# 🔑 4.5　决策树回归问题

决策树模型不仅可用于分类问题，也可用于回归问题。在 sklearn 库中实现决策树算法的是优化的 CART 算法。分类问题所涉及的类是 DecisionTreeClassifier，回归决策树的类是 DecisionTreeRegressor。它们使用的步骤大体类似，可参见 4.4 节的案例。

本节知识扩展部分，将简单介绍回归决策树的基本原理。回归决策树就是将特征空间划分成若干单元，每一个划分单元有一个特定的输出。将测试数据按照特征将其归到某个单元，便得到对应的输出值。划分的过程也就是建立树的过程，每划分一次随即确定划分单元对应的输出，也就多了一个节点。当根据停止条件划分终止时最终每个单元的输出也就确定了，即叶节点。

在这个过程中有两个关键问题：划分的切分点怎么找；输出值如何确定。

假设给定训练数据集为 $D = \{(x_1, y_1), (x_2, y_2), \cdots, (x_N, y_N)\}$，其中 $x_i = (x_i^{(1)}, x_i^{(2)}, \cdots, x_i^{(n)})$ 为输入实例，$n$ 为特征个数，$i = 1, 2, \cdots, N$，$N$ 为样本容量。对特征空间的划分采用启发式方法，每次划分逐一考查当前集合中所有特征的所有取值，根据平方误差最小准则选择其中最优的一个作为切分点。例如，以训练集中第 $j$ 个特征变量 $x^{(j)}$ 和它的取值 $s$ 作为切分变量和切分点，并定义两个区域 $R_1(j, s) = \{x \mid x^{(j)} \leqslant s\}$ 和 $R_2(j, s) = \{x \mid x^{(j)} > s\}$，为找出最优的 $j$ 和 $s$，对式(4.6)求解：

$$\min_{j, s} \left[ \min_{c_1} \sum_{x_i \in R_1(j, s)} (y_i - c_1)^2 + \min_{c_2} \sum_{x_i \in R_2(j, s)} (y_i - c_2)^2 \right] \tag{4.6}$$

要找出使要划分的两个区域平方误差和最小的 $j$ 和 $s$。其中，$c_1, c_2$ 为划分后两个区域内固定的输出值。已知这两个最优的输出值就是各自对应区域内 $Y$ 的均值，所以上式可写为：

$$\min_{j, s} \left[ \min_{c_1} \sum_{x_i \in R_1(j, s)} (y_i - \hat{c}_1)^2 + \min_{c_2} \sum_{x_i \in R_2(j, s)} (y_i - \hat{c}_2)^2 \right] \tag{4.7}$$

其中，$\hat{c}_1 = \dfrac{1}{N_1} \sum_{x_i \in R_1(j, s)} y_i$，$\hat{c}_2 = \dfrac{1}{N_2} \sum_{x_i \in R_2(j, s)} y_i$。

找到最优的切分点 $(j, s)$ 后，依次将输入空间划分为两个区域，对每个区域重复上述划分过程，直到满足停止条件为止。这样生成的回归树通常称为最小二乘回归树。

决策树具有实现简单，计算量小的优点，并且具有很强的解释性。训练得到的树符合人的直观思维，能够可视化地显示出来便于理解。因此，决策树模型被广泛应用于经济、管理领域的数据分析，在疾病诊断方面也有广泛应用。但是决策树模型的缺点也是较为明显的，即非常容易过拟合，泛化性能不强。

## 4.6 知识扩展

决策树算法可用于分类等应用问题，近几年来，也与其他机器学习算法结合使用，构建更好的应用模型，如基于指数的决策树等。它的应用范围也得到扩大，可应用于医学图像分类、金融预测、植被生长预测等领域。感兴趣的读者可以查阅相关文献资料。

## 4.7 习题

1. 简述建立决策分类树的基本过程。
2. 什么是信息熵和信息增益，如何根据实际数据计算信息熵和信息增益？
3. 如何计算决策树中结点的基尼系数？
4. 使用泰坦尼克号数据集，sklearn 中决策树相关包，建立分类预测模型并验证模型的性能。

# 第 **5** 章

# K 近 邻

CHAPTER **5**

**本章学习目标**
- 认知类目标：熟悉 K 近邻算法的基本思想。
- 价值类目标：理解 K 近邻算法及常用距离度量。
- 方法类目标：使用 K 近邻算法解决相关问题。
- 情感、态度、价值观类目标：了解 K 近邻算法在相关学科领域和社会实践中应用，了解最新发展动态以及相关发展状况，能灵活运用其解决实际问题，培养学生理论结合实践的科学态度、创新意识和社会责任感，激发学生为我国人工智能发展的潜在服务意识。

本章主要介绍 K 近邻算法的基本思想，K 近邻算法中度量数据点之间距离（或相似性）的常用方法，以及 K 选择的重要性和 K 选择的正确方法。以鸢尾花数据集为例介绍 K 近邻算法的分类方法。在知识扩展部分，介绍几种数据点距离度量的方法。

# 5.1　K 近邻算法的基本思想

K 近邻算法也称为 KNN 算法,是最简单、最常用的分类算法。K 近邻算法在预测某个数据点的类别时,参考周围距离最近的 $K$ 个邻居的类别标签来决定该数据的类别。具体方法为,根据一个测试数据点,计算它与数据集中其他数据点的距离;找出距离最近的 $K$ 个数据点,作为该数据点的近邻数据点集合;根据这 $K$ 个近邻数据点所属的类别,来决定当前数据点的类别。

例如,在图 5.1 中,三角形表示类别一的数据点,圆形表示类别为二的数据点,现在确定灰色方块的类别。图中的圆圈表示 $K$ 个最近的邻居所在的区域。在 $K=3$ 的圆圈里面,类别为一的数据点有 2 个,类别为二的数据点有 1 个。采用少数服从多数的原则,灰色数据点的分类确定为类别一。在 $K=5$ 的圆圈里面,类别为一的数据点 3 个,类别为二的数据点为 5 个,由此可以判定灰色数据点的类别为二。

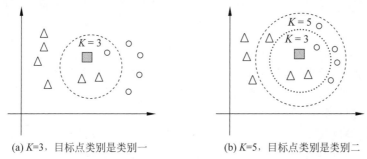

(a) $K=3$,目标点类别是类别一　　　(b) $K=5$,目标点类别是类别二

**图 5.1　KNN 算法实例**

在 K 近邻算法中有两个重要问题:①数据点的距离的计算方法;②$K$ 的选择。下面将介绍这两个问题的解决方法。

# 5.2　K 近邻算法中的距离度量

K 近邻算法中,度量数据点之间的距离是一个非常重要的步骤。度量距离的常见方法有欧氏距离、余弦相似度、曼哈顿距离等。

## 1. 欧氏距离

欧氏距离就是 $n$ 维欧氏空间中亮点之间的距离。对于 $\mathbb{R}^n$ 空间中两个点 $x$ 和 $y$,它们之间的距离定义为:

$$d(x,y) = \sqrt{\sum_{i=1}^{n}(x_i - y_i)^2} \tag{5.1}$$

在使用欧氏距离时应将特征向量的每个分量归一化,以减少特征值的尺度范围不同所带来的干扰,避免数值小的特征分量会被数值大的特征分量淹没。

欧氏距离的优点是方法简单,缺点是计算量大,不适用于高维数据的情况,同时也没有考虑特征向量的概率分布。

### 2. 余弦相似度

对于高维数据,在运算中只考虑向量的方向而不考虑向量的大小时,使用余弦相似度来度量数据点之间的距离。余弦相似度就是两个向量夹角的余弦。两个方向完全相同的向量的余弦相似性为 1,而两个完全相反的向量的相似性为 -1。注意大小并不重要,因为这是方向的量度。

$$D(x,y) = \cos(\theta) = \frac{x \cdot y}{\| x \| \| y \|}$$

余弦相似度的主要问题是没有考虑向量的大小,只考虑了向量的方向。在实践中,这意味着没有充分考虑值的差异。余弦相似性经常用于文本分类过程中,当数据以单词计数表示时,经常使用此度量。

### 3. 曼哈顿距离

曼哈顿距离是一种概率意义上的距离,给定两个(向量)点 $x$ 和 $y$ 以及矩阵 $S$,则曼哈顿距离定义为:

$$d(x,y) = \sqrt{(x-y)^{\mathrm{T}} S (x-y)} \tag{5.2}$$

其中,要求矩阵 $S$ 必须为正定的。这种距离度量的是两个随机向量的相似度。当矩阵 $S$ 为单位矩阵 $I$ 时,曼哈顿距离就退化成了欧氏距离。矩阵 $S$ 可以通过计算训练样本集的协方差矩阵得到,也可以通过训练样本学习得到。

曼哈顿距离与欧氏距离相比更不直观,尤其是在高维数据的使用中。当数据集具有离散或二进制属性时,则倾向于使用曼哈顿距离,因为它考虑了在这些属性值中实际可以采用的路径,而欧氏距离的可行性较差。

## 🔑 5.3 选择合适的 $K$ 值

通过图 5.1 可知 $K$ 的取值比较重要,那么该如何确定 $K$ 取多少值好呢?一般可以通过交叉验证方法,选取一个较小的 $K$ 值并不断增加,然后计算验证集合的方差,从而确定一个比较合适的 $K$ 值。

通过交叉验证方法计算不同 $K$ 值的方差,一般会得到图 5.2。

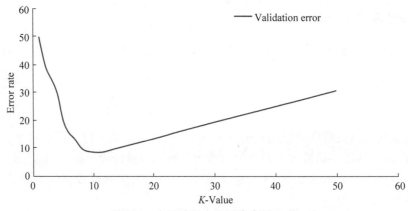

图 5.2 交叉验证方法寻找合适 $K$ 值

选择合适 $K$ 值时,需要一个临界点 $K_0$,当 $K$ 继续增大或减小的时候,错误率都会上升,如图 5.2 中 $K$ 的临界值是 10,所以选择 $K = 10$ 比较合适。

# 5.4　K 近邻案例——鸢尾花分类

### 1. 案例说明

在本案例中,我们使用 iris 数据集。该数据集是机器学习的经典数据集,如表 5.1 所示。

表 5.1　iris 数据集格式

| 列　号 | 列　名 | 具 体 含 义 |
| --- | --- | --- |
| 1 | sepal-width | 花萼宽度,数值数据 |
| 2 | sepal-length | 花萼长度,数值数据 |
| 3 | petal-width | 花瓣宽度,数值数据 |
| 4 | petal-length | 花瓣长度,数值数据 |
| 5 | species | 花的种类,类别变量: Setosa、Versicolour、Virginica |

### 2. 核心代码

下面展示采用 K 近邻算法实现鸢尾花数据集分类预测的核心代码。

(1) 导入包。

```
1.  import numpy as np
2.  import matplotlib.pyplot as plt
3.  import pandas as pd
```

(2) 加载数据集。

```
1.  dataset = pd.read_csv("./data/iris.csv")
2.  dataset.head()
3.  dataset['species'] = dataset['species'].map({'setosa': 0, 'versicolor': 1, 'virginica': 2})
4.  # 查看数据集的基本性质
5.  dataset.info()
```

(3) 构建训练集和测试集。

```
1.  X = dataset.iloc[:,:-1].values
2.  y = dataset.iloc[:,4].values
3.  # 构建训练集和测试集
4.  from sklearn.model_selection import train_test_split
5.  X_train,X_test,y_train,y_test = train_test_split(X,y,test_size = 0.20)
```

（4）构建模型。

```
1.  from sklearn.neighbors import KNeighborsClassifier
2.  classifier = KNeighborsClassifier(n_neighbors = 5)
3.  classifier.fit(X_train,y_train)
4.  y_pred = classifier.predict(X_test)
```

（5）评估模型性能。

```
1.  from sklearn.metrics import classification_report,confusion_matrix
2.  print(confusion_matrix(y_test,y_pred))
3.  print(classification_report(y_test,y_pred))
```

### 3. 结果展示

运行结果如图 5.3 和图 5.4 所示。

|  | precision | recall | f1-score | support |
|---|---|---|---|---|
| 0 | 1.00 | 1.00 | 1.00 | 9 |
| 1 | 0.90 | 1.00 | 0.95 | 9 |
| 2 | 1.00 | 0.92 | 0.96 | 12 |
| accuracy |  |  | 0.97 | 30 |
| macro avg | 0.97 | 0.97 | 0.97 | 30 |
| weighted avg | 0.97 | 0.97 | 0.97 | 30 |

```
[[ 9  0  0]
 [ 0  9  0]
 [ 0  1 11]]
```

图 5.3　KNN 模型的混淆矩阵　　　　图 5.4　KNN 模型的分类性能

选择合适的 $K$ 值。

```
1.  error = []
2.  for i in range(1,40):
3.      knn = KNeighborsClassifier(n_neighbors = i)
4.      knn.fit(X_train,y_train.astype('int'))
5.      pred_i = knn.predict(X_test)
6.      error.append(np.mean(pred_i != y_test.astype('int')))
7.  plt.figure(figsize = (8,5))
8.  plt.plot(range(1,40),error,color = "red",linestyle = "dashed",
9.          marker = "o",markerfacecolor = "blue",markersize = 10)
10. plt.title("Error Rate K Value")
11. plt.xlabel("K Value")
12. plt.ylabel("Mean Error")
```

误分率和 $K$ 值的关系图如图 5.5 所示。当 $K$ 取值在[13,15]的时候,分类器的错误率最低,故取这个范围内的任何一个值都可以。

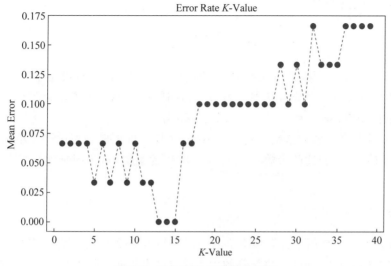

图 5.5　误分率和 K 值的关系图

## 5.5　知识扩展

### 1. 汉明距离

汉明距离是两个向量之间不同值的个数。它通常用于比较两个相同长度的二进制字符串。它还可以用于字符串,通过计算不同字符的数量来比较它们之间的相似程度。汉明距离的特点是要求所有向量的长度必须相等,当两个向量的长度不相等时,很难使用汉明距离。

### 2. 切比雪夫距离

切比雪夫距离定义为两个向量在任意坐标维度上的最大差值。换句话说,它就是沿着一个轴的最大距离,它通常被称为棋盘距离。

$$D(x,y) = \max_i(|x_i - y_i|)$$

切比雪夫距离很难像欧氏距离或余弦相似度那样用作通用的距离度量,通常用于非常特定的用例。因此,建议只在绝对确定它适合你的实例时才使用它。在实践中,切比雪夫距离经常用于仓库物流,或者在允许无限制的 8 向移动的游戏中使用。

### 3. 闵可夫斯基距离

闵可夫斯基距离比大多数测量都要复杂一些。它是一个在赋范向量空间(n 维实空间)中使用的度量。使用闵可夫斯基距离的赋范向量空间的要求如下。

- 0 向量：0 向量的长度是 0,而其他向量的长度都是正的。
- 标量因子：当你用一个正数乘以向量时,它的长度会改变,同时保持方向不变。
- 满足三角形不等式：两点之间最短的距离是一条直线。

闵可夫斯基距离公式如下：

$$D(x,y) = \left( \sum_{i=1}^{n} |x_i - y_i|^p \right)^{\frac{1}{p}}$$

闵可夫斯基距离需要关注的是参数 $p$ 的使用。我们可以通过设定不同的 $p$ 值来操作距离度量，使其与其他度量非常相似。若 $p=1$，则闵可夫斯基距离演化为曼哈顿距离；若 $p=2$，则为欧氏距离；若 $p=\infty$，则为切比雪夫距离。

闵可夫斯基距离理解的基础是曼哈顿距离、欧几里得距离和切比雪夫距离。在使用闵可夫斯基距离时，选择合适的参数 $p$ 是件非常麻烦的事情，需要根据实际的数据集查找恰当的 $p$ 值。

### 4. Jaccard 索引

Jaccard 索引是一个用于计算样本集的相似性和多样性的度量，它是集合之间相似实体的总数除以实体的总数，即样本集交集的大小除以样本集并集的大小。例如，如果两个集合有一个共同的实体，而总共有 5 个不同的实体，那么 Jaccard 索引将是 $1/5=0.2$。

为了计算 Jaccard 距离，我们只需从 1 中减去 Jaccard 索引：

$$D(x,y) = 1 - \frac{|x \bigcap y|}{|y \bigcup x|}$$

Jaccard 索引的一个主要缺点是它受数据大小的影响很大。大型数据集可能对索引有很大的影响，因为它可以显著增加并集，同时保持交集相似。Jaccard 索引经常用于使用二进制或二进制化数据的应用程序中。当一个深度学习模型预测一幅图像(例如一辆汽车)的片段时，Jaccard 索引就可以用来计算真实标签的预测片段的准确性。同样，它也可以用于文本相似度分析，以衡量文档之间的选词重叠程度。

## 🔑 5.6　习题

1. 简述 K 近邻算法的基本思想。
2. 简述欧氏距离、曼哈顿距离以及余弦相似度的计算方法和适用场合。
3. 编写代码实现 $K$ 值的计算和选择。

# 第 6 章

# 支持向量机

CHAPTER 6

**本章学习目标**

- 认知类目标：线性分类器概述，线性可分与不可分的问题，核函数。
- 价值类目标：理解线性可分与不可分问题。
- 方法类目标：掌握线性分类与多分类问题的计算。
- 情感、态度、价值观类目标：熟悉 SVM 的原理和计算技巧，了解最新动态与发展状况；培养学生运用 SVM 分析、研究和解决分类问题的能力，为解决我国人工智能算法中的核心问题服务，引导学生树立远大理想和社会主义核心价值观，培养学生解决实际问题的科学态度、创新意识和社会责任感，激发探究自然科学的兴趣和对新知识求知欲望。

本章主要介绍 SVM 基本原理、案例分析过程、应用案例，还介绍 SVM 的核函数。

# ⚡ 6.1　SVM 的基本原理

## 6.1.1　线性 SVM 分类器

给定包含两类数据的一个数据集,假定该数据集线性可分且每个数据仅包含两个特征,都是平面上的点。SVM 最初要解决的问题就是如何在两类数据之间画一条直线作为分类器的决策边界,使其既能正确地对两类数据进行分类,又能使对新的未知数据实例的分类正确率尽量高,即具备较高的泛化能力。

SVM 的基本原理就是在两类数据之间画一条能分离两类数据,而且能距离最近的训练样本点尽量远的线。因此,SVM 分类器也称为最大间隔分类器。

如图 6.1 所示,图中的数据来自鸢尾花数据集。数据样本点具有两个特征,分别是花瓣长度和花瓣宽度。图 6.1(a)中有三条直线作为候选线性分类器,其中,虚线的分类效果最差,并未实现正确分类的要求;另外两条直线能够对图中数据正确分类,但是,它们距离数据样本点过近,在对新的数据实例分类时,其分类的正确性有待考察。与它们形成鲜明对比的是,图 6.1(b)中的实线同时满足了正确分类和距离最近样本点最远的要求,即线性 SVM 分类器决策边界。可以预见的是,其分类性能具有较高的鲁棒性。两条虚线表示过最近样本点(支持向量)且平行于决策边界的直线,它们与决策边界的距离即最大间隔的大小。容易发现,决策边界距离两类支持向量同样远。

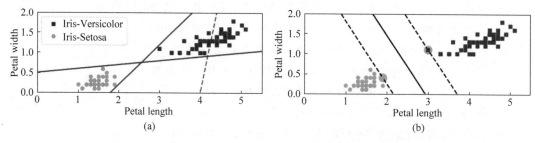

图 6.1　线性 SVM 分类器

## 6.1.2　硬间隔与软间隔

如果直线能够将两类数据正确地分隔在两侧,则这种分类方式称为硬间隔分类。只有在数据本身是线性可分的情况下,硬间隔分类才能够实现。

如图 6.2 所示,图(a)中加入了一个离群点,这导致了图(a)的数据无法进行硬间隔分类。然而,从数据总体看,这两类数据仍然具备很强的可分性。图(b)中同样加入了一个离群点,该离群点并未破坏线性可分性,但是,却导致了硬间隔分类决策边界距离黑色正方形样本点过近,很大程度上降低了分类器的泛化能力。

由于硬间隔分类存在上述两个缺点,实际应用中人们采用得更多的是软间隔分类,即在最小化分类错误样本数和最大化分类间隔之间找到一个良好的平衡。在使用 sklearn 库开发 SVM 程序时,可以指定一个超参数 $C$,找到两者之间的平衡。

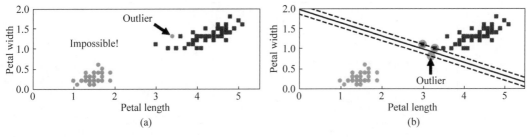

图 6.2 硬间隔分类的局限性

如图 6.3 所示,该数据集线性不可分。图(a)表示 $C$ 值为 1 时的软间隔分类效果。可以看出,该分类器错分了 4 个弗吉尼亚鸢尾样本点(三角形)和 3 个变色鸢尾样本点(正方形),且具备较大的分类间隔和较多的支持向量(两条虚线之间的样本点)。图(b)表示 $C$ 值为 100 时的软间隔分类效果。相比 $C$ 值为 1 的情况,图(b)的错分样本数和支持向量数都较少,分类间隔也较小。总体来看,$C$ 值过小容易欠拟合,$C$ 值过大容易过拟合。

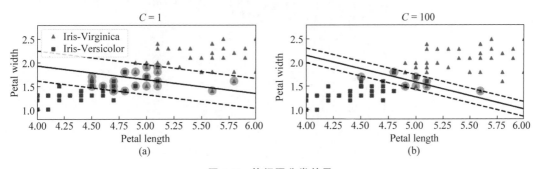

图 6.3 软间隔分类效果

## 6.1.3 非线性 SVM 分类器

线性 SVM 分类器在一些情况下能够正常工作,甚至在数据集线性不可分的情况下,使用软间隔线性 SVM 分类器也能达到满意的效果。但是在一些情况下,由于数据本身的分布特点,使用线性分类器远远不能达到满意的效果。而通过对数据集添加更多的特征,如多项式特征,将数据映射到高维空间,却有可能将数据集变为线性可分。通过这种方式训练出的分类器,称为非线性分类器。

如图 6.4 所示,图(a)的两类数据中(单特征)类别 1 的 5 个样本点在中间,类别 2 的四个样本点在两侧,明显线性不可分。在图(b)中,对数据集添加第二个特征 $x_2 = x_1^2$ 后,两类数据变为线性可分,可用图中的虚线进行分隔。

对于更复杂的线性不可分情况,如 sklearn 库中的 moon 数据集,非线性 SVM 分类器也能正确地分类。

如图 6.5 所示,两类数据样本点形成两瓣月牙相互契合的形状,通过添加多项式特征形成的非线性 SVM 分类器能够将其正确分类,决策边界在平面上呈现出 S 型曲线的非线性特征。

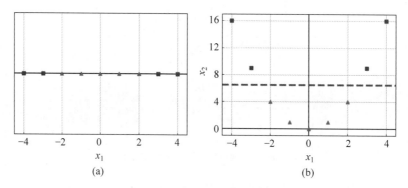

图 6.4　添加特征后线性可分

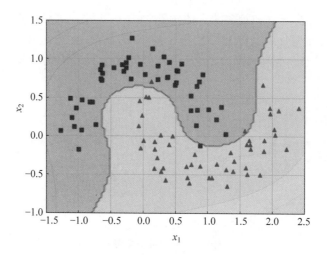

图 6.5　非线性 SVM 分类器示例

# 6.2　核函数

## 6.2.1　核函数原理

从 6.1 节的例子中可以看出，对线性不可分的数据集添加多项式特征可以生成非线性 SVM 分类器，实现对数据集的正确分类。然而，对复杂数据集，需要用高阶的多项式特征才能将数据映射到线性可分的高维空间。这个映射的过程会产生数量庞大的特征，使模型的训练时间过长。

针对这一问题，人们提出了核函数，它能在不添加任何特征的情况下达到添加特征的效果。核函数的定义如下：如果任意两个样本点在扩维后的空间的内积，等于这两个样本点在原空间中经过一个函数作用后的输出，那么这个函数就叫核函数，即用低维空间函数 $K(x,y)$，去计算高维特征空间的内积 $\phi(x) \cdot \phi(y)$。

设样本点集合为 $\{x_i\}$，对应的类别标记为集合 $\{y_i\}$，则在对偶问题中，对输入样本 $x$ 的分类判别函数 $f$ 为：

$$f(x) = \sum_{i=1}^{n} \alpha_i y_i (x_i \cdot x) + b$$

将样本点映射到特征空间后的判别函数为：

$$f(x) = \sum_{i=1}^{n} \alpha_i y_i (\phi(x_i) \cdot \phi(x)) + b$$

由于映射函数 $\phi$ 的内积十分复杂，难以计算，在实际中，通常都是使用核函数 $K$ 来求解内积，计算复杂度并没有增加，映射函数仅仅作为一种逻辑映射，表示输入空间到特征空间的映射关系。至于为什么需要映射后的特征而不是最初的特征来参与计算，为了更好地拟合是其中一个原因，另外的一个重要原因是样本可能存在线性不可分的情况，而将特征映射到高维空间后，往往就可分了。

下面先从一个小例子来说明为什么核函数能够降低高维内积的运算量。假设三维数据集中的正负样本不能进行线性划分，取出其中任意两个样本，其类别一正一负，$x = (x_1, x_2, x_3)$，$y = (y_1, y_2, y_3)$。通过一个函数 $f$ 将这两个样本映射到更高维的空间，比如九维空间，在该空间就很可能能够进行线性划分。

设映射 $f(x) = (x_1 x_1, x_1 x_2, x_1 x_3, x_2 x_1, x_2 x_2, x_2 x_3, x_3 x_1, x_3 x_2, x_3 x_3)$，将数据映射后再计算对偶问题中的样本内积 $f(x) \cdot f(y)$，时间复杂度为 $O(n^2)$。

给出具体取值，令 $x = (1, 2, 3)$，$y = (4, 5, 6)$，那么 $f(x) = (1, 2, 3, 2, 4, 6, 3, 6, 9)$，$f(y) = (16, 20, 24, 20, 25, 36, 24, 30, 36)$，此时内积 $f(x) \cdot f(y) = 16 + 40 + 72 + 40 + 100 + 180 + 72 + 180 + 324 = 1024$。对于三维空间数据映射到九维后的内积计算复杂度还不是很高，但将维数扩大到一个很大的数的时候，时间耗费就会很明显。观察发现，映射后的内积等于映射前的内积的平方。定义核函数 $K(x, y) = (x \cdot y)^2$，代入 $x, y$ 的值得 $K(x, y) = (4 + 10 + 18)^2 = 32^2 = 1024$。也就是说，$K(x, y) = (x \cdot y)^2 = f(x) \cdot f(y)$。

但是 $K(x, y)$ 计算起来却比 $f(x) \cdot f(y)$ 简单得多，其时间复杂度是 $O(n)$，而 $f(x) \cdot f(y)$ 是 $O(n^2)$。所以使用核函数的好处就是，可以在一个低维空间去完成一个高维（或者无限维）样本内积的计算。例子中 $K(x, y)$ 得三维空间完成 $f(x) \cdot f(y)$ 的九维空间运算。

下面再举个例子来证明上面的问题。假设所有样本点都是二维点，任取其中两点，其值分别为 $x = (x_1, x_2)$，$y = (y_1, y_2)$，映射 $f(x) = (x_1^2, \sqrt{2} x_1 x_2, x_2^2)$，核函数 $K(x, y) = (x \cdot y)^2$，可以验证，任意两个扩维后的样本点在三维空间的内积等于原样本点在二维空间的函数输出。

$$\begin{aligned} f(x) \cdot f(y) &= (x_1^2, \sqrt{2} x_1 x_2, x_2^2) \cdot (y_1^2, \sqrt{2} y_1 y_2, y_2^2) \\ &= x_1^2 y_1^2 + 2 x_1 x_2 y_1 y_2 + x_2^2 y_2^2 = (x_1 y_1 + x_2 y_2)^2 \\ &= ((x_1, x_2) \cdot (y_1, y_2))^2 = (x \cdot y)^2 = K(x, y) \end{aligned}$$

有了这个核函数，高维内积都可以转换为低维的函数运算了。也就是说，只需要计算低维的内积，然后再平方。核函数本质上隐含了从低维到高维的映射，从而避免直接计算高维的内积。上述例子是多项式核函数的一个特例，其实核函数的种类还有很多。

## 6.2.2　几种常见的核函数

核函数有严格的数学关系要求，所以设计一个核函数是非常困难的。人们经过很多尝试也就只发现几个核函数。下面分别介绍这几个常见的核函数。

### 1. 线性核

基本原理：线性核(Linear Kernel)实际上就是原始空间中的内积。

$$K(x,y) = x \cdot y$$

这个核存在的主要目的是使得"映射后空间中的问题"和"映射前空间中的问题"两者在形式上统一，不用再找一个线性的和一个非线性的。线性核主要用于线性可分的情况，我们可以看到特征空间到输入空间的维度是一样的。在原始空间中寻找最优线性分类器，具有参数少速度快的优势，其分类效果很理想。因此通常首先尝试用线性核函数来做分类。

### 2. 多项式核

基本原理：多项式核(Polynomial Kernel)依靠升维使得原本线性不可分的数据线性可分。

$$K(x,y) = (x \cdot y + 1)^d$$

展开后得

$$K(x,y) = \left( \sum_{i=1}^{n} x_i y_i + 1 \right)^2 = \sum_{i=1}^{n} x_i^2 y_i^2 + \sum_{i=2}^{n} \sum_{j=1}^{i-1} \sqrt{2} x_i x_j \sqrt{2} y_i y_j + \sum_{i=1}^{n} \sqrt{2} x_i \sqrt{2} y_i + 1$$

对应的映射函数为：

$$\phi(x) = (x_n^2, \cdots, x_1^2, \sqrt{2} x_n x_{n-1}, \cdots, \sqrt{2} x_2 x_1, \cdots, \sqrt{2} x_n, \cdots, \sqrt{2} x_1, 1)$$

可以验证，核函数满足

$$K(x,y) = \phi(x) \cdot \phi(y)$$

多项式核函数可以实现将低维的输入空间映射到高维的特征空间，适合于正交归一化的数据，属于全局核函数，允许相距很远的数据点对核函数的值有影响。参数 $d$ 越大，映射的维度越高，计算量就会越大。优点是可解决非线性问题，缺点是核函数的参数多，当多项式的阶数 $d$ 比较高时，由于学习复杂性也会过高，易出现过拟合现象，核矩阵的元素值将趋于无穷大或者无穷小，计算复杂度会大到无法计算。

如图 6.6 所示，(a)(b)两个子图分别表示阶数 $d$ 为 3 和 10 的多项式核函数对应的决策边界，可以明显看出随着阶数的增加，过拟合的效果逐渐出现。

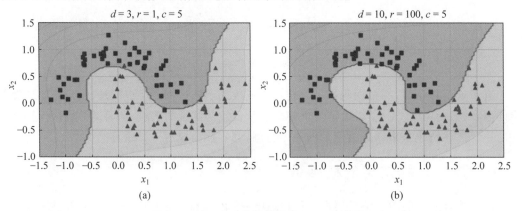

图 6.6 基于多项式核函数的 SVM 分类器

### 3. 高斯核

高斯核(Gaussian Kernel)函数,也称径向基核函数(Radial Basis Function),定义如下:

$$K(x,y) = e^{-\gamma \|x-y\|^2}$$

当 $\gamma = 1$ 时,

$$K(x,y) = \exp(-(x-y)^2) = \exp(-x^2)\exp(-y^2)\exp(2xy)$$

$$= \exp(-x^2)\exp(-y^2)\sum_{i=0}^{\infty}\frac{(2xy)^i}{i!}$$

$$= \sum_{i=0}^{\infty}\exp(-x^2)\exp(-y^2)\sqrt{\frac{2^i}{i!}}x^i\sqrt{\frac{2^i}{i!}}y^i$$

映射函数为:

$$\phi(x) = \exp(-x^2)\cdot\left(1,\sqrt{\frac{2}{1}}x,\sqrt{\frac{2^2}{2!}}x^2,\cdots\right)$$

高斯核函数是一种局部性强的核函数,其可以将一个样本映射到一个更高维的空间内,该核函数是应用最广的一个,无论大样本还是小样本都有比较好的性能,而且其相对于多项式核函数参数要少,因此在不知道用什么样的核函数的时候可以优先使用高斯核函数。高斯核函数的优点是可以映射到无线维,决策边界更为多样,只有一个参数,相比多项式核容易选择。缺点是可解释性差,计算速度比较慢,容易过拟合。

如图 6.7 所示,四个子图分别代表高斯核函数取不同超参数 $\gamma$ 和 $C$ 的情况下的 SVM 决策边界效果。参数 $\gamma$ 决定了决策边界平坦与否,值越大越不平坦。而参数 $C$ 的作用类似于多项式核,它起到控制拟合程度的作用,值越大,越过拟合。

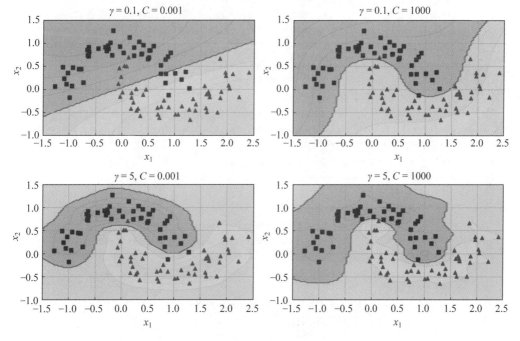

图 6.7 基于高斯核函数的 SVM 分类器

### 4. Sigmoid 核函数

Sigmoid 核函数来源于神经网络,被广泛用于深度学习和机器学习中:

$$K(x,y) = \tanh(\beta xy + \theta), \quad \beta > 0$$

采用 Sigmoid 函数作为核函数时,支持向量机实现的就是一种多层感知器神经网络。应用 SVM 方法,隐藏层节点数目以及隐藏层节点对输入节点的权重都是在设计(训练)的过程中自动确定的。而且支持向量机的理论基础决定了它最终求得的是全局最优值而不是局部最优值,保证了对未知样本的良好泛化能力。

## 6.3　SVM 案例——手写数字图像识别

本案例使用 sklearn 库的 datasets 子库中自带的手写数字图像数据集,采用线性 SVM 分类器(线性核)对数字图像进行分类。该数据集包含 1797 幅图像,分为 10 类数字(0~9),每类包含 180 幅左右数量的图像,每幅图像的维数是 64 维(8×8)。

主要代码如下。

```
1.   # coding = utf - 8
2.   from sklearn import datasets, svm, metrics
3.   import matplotlib.pyplot as plt
4.   import seaborn as sns
5.   # 设置统一码字体
6.   plt.rcParams['font.family'] = ['Arial Unicode MS']
7.   # 加载数字图片数据,其中图像数据形状为 1797×8×8
8.   digits = datasets.load_digits()
9.   # 获取样本数量
10.  n_samples = len(digits.images)
11.  # 将图像数据打平,形状变为 1797×64
12.  data = digits.images.reshape((n_samples, - 1))
13.  # 模型构建,使用一阶线性核,等同于不使用核函数
14.  classifier = svm.SVC(kernel = 'linear', degree = 1)
15.  # 使用三分之二的数据进行模型训练,target 中存放的是图像对应类别
16.  classifier.fit(data[:int(n_samples * 2 / 3)], digits.target[:int(n_samples * 2 / 3)])
17.  # 测试数据部分实际值和预测值获取
18.  expected = digits.target[int(n_samples * 2 / 3):]
19.  predicted = classifier.predict(data[int(n_samples * 2 / 3):])
20.  # 计算准确率
21.  print("分类器 % s 的分类效果:\n% s\n"
22.        % (classifier, metrics.classification_report(expected, predicted)))
23.  print("混淆矩阵为:\n% s" % metrics.confusion_matrix(expected, predicted))
24.  mat = metrics.confusion_matrix(expected, predicted)
25.  sns.heatmap(mat.T, square = True, annot = True, fmt = 'd', cbar = False)
26.  # 进行图片展示
27.  plt.figure(facecolor = 'lightgray', figsize = (12, 5))
28.  # 先画出 5 个预测失败的数字图像
```

```
29.    images_and_predictions = list(zip(digits.images[int(n_samples * 2 / 3):][expected !=
       predicted], expected[expected != predicted], predicted[expected != predicted]))
30.    for index, (image, expection, prediction) in enumerate(images_and_predictions[:5]):
31.        plt.subplot(2, 5, index + 1)
32.        plt.axis('off')
33.        plt.imshow(image, cmap = plt.cm.gray_r, interpolation = 'nearest')
34.        plt.title(u'预测值/实际值:% i/% i' % (prediction, expection))
35.    # 再画出 5 个预测成功的数字图像
36.    images_and_predictions = list(zip(digits.images[int(n_samples * 2 / 3):][expected ==
       predicted], expected[expected == predicted], predicted[expected == predicted]))
37.    for index, (image, expection, prediction) in enumerate(images_and_predictions[:5]):
38.        plt.subplot(2, 5, index + 6)
39.        plt.axis('off')
40.        plt.imshow(image, cmap = plt.cm.gray_r) # , interpolation = 'nearest')
41.        plt.title(u'预测值/实际值:% i/% i' % (prediction, expection))
42.    plt.show()
```

表 6.1 显示了线性 SVM 分类器的分类效果。其中,precision(精确度)表示正确预测为正例,占全部预测为正例的比例。recall(召回率)表示正确预测为正例,占全部实际为正例的比例。f1-score(f1 值)表示精确率和召回率的调和平均数。support(支持度)表示各分类样本的数量或测试集样本的总数量。macro avg(宏平均值)表示所有标签结果的平均值。weighted avg(加权平均值)表示所有标签结果的加权平均值。结果显示,类别 8 和类别 9 的精确度明显低于其他类别,类别 1 和类别 3 的召回率较低,类别 3 和 8 的 f1 值较低,各类别支持度接近。所有样本的总体准确率为 94%。该结果和实际情况相符,因为手写的 3 和 8 很容易混淆导致其识别性能不佳。同时,因为是未采用核函数的线性 SVM 分类器,所以总体性能有提升空间。

表 6.1　线性 SVM 分类器的分类效果

| 类别 | precision | recall | f1-score | support |
| --- | --- | --- | --- | --- |
| 0 | 0.97 | 0.98 | 0.97 | 59 |
| 1 | 0.96 | 0.87 | 0.92 | 62 |
| 2 | 1 | 0.98 | 0.99 | 60 |
| 3 | 0.95 | 0.84 | 0.89 | 62 |
| 4 | 0.98 | 0.94 | 0.96 | 62 |
| 5 | 0.95 | 0.98 | 0.97 | 59 |
| 6 | 0.95 | 0.98 | 0.97 | 61 |
| 7 | 0.94 | 1 | 0.97 | 61 |
| 8 | 0.82 | 0.91 | 0.86 | 55 |
| 9 | 0.88 | 0.91 | 0.9 | 58 |
| accuracy | | | 0.94 | 599 |
| macro avg | 0.94 | 0.94 | 0.94 | 599 |
| weighted avg | 0.94 | 0.94 | 0.94 | 599 |

图 6.8 显示了分类结果的混淆矩阵。混淆矩阵以矩阵形式将数据集中的记录按照真实的类别与分类模型预测的类别判断两个标准进行汇总。其中矩阵的行表示真实值,矩阵的

列表示预测值。比如第四行体现了字符 3 的召回率,第四列体现了字符 3 的准确率。除对角线外的所有元素越小,则分类预测效果越好。容易看出,字符 3 和字符 8 的分类效果较差。

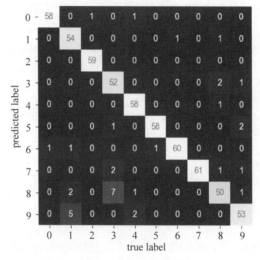

图 6.8　线性 SVM 分类器混淆矩阵

图 6.9 的上下两行分别显示了五个分类错误和分类正确的数字图像实例,每个数字图像上方标注了对应的预测值和实际值。错误分类结果中,有两个数字都被误认为是 6,这点与 6 的召回率较高的特点吻合。而明显不应该错分的实际值为 1 的前两个例子,也体现了线性 SVM 分类器对决策边界拟合度不够的缺点,需要加入核函数以提高分类的准确率。

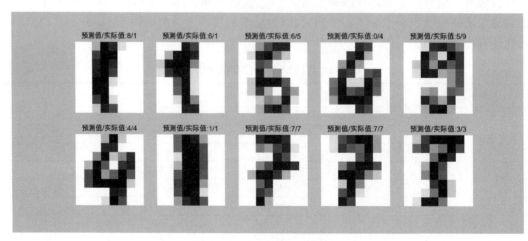

图 6.9　预测结果实例展示

## 6.4　KSVM 案例——人脸图像识别

本案例使用 sklearn 库的 datasets 子库中自带的人脸图像数据集,采用基于核函数的 KSVM 分类器(高斯核)对数字图像进行分类。该数据集包含 13 233 幅图像,分为 5749 个人脸类别,每幅图像的维数是 5828 维。

主要代码如下。

```
1.    import matplotlib.pyplot as plt
2.    from sklearn.datasets import fetch_lfw_people
3.    # 筛选数据,只保留图像数达到 60 幅的图像类别
4.    faces = fetch_lfw_people(min_faces_per_person = 60)
5.    # 筛选结果包含 8 个类别,1348 幅图像,图像大小为 62×47
6.    print(faces.target_names)
7.    print(faces.images.shape)
8.    # 展示数据集前 15 幅图像内容
9.    fig, ax = plt.subplots(3, 5)
10.   for i, axi in enumerate(ax.flat):
11.       axi.imshow(faces.images[i], cmap = 'bone')
12.       axi.set(xticks = [], yticks = [], xlabel = faces.target_names[faces.target[i]])
13.   plt.show()
14.   from sklearn.svm import SVC
15.   # from sklearn.decomposition import RandomizedPCA
16.   from sklearn.decomposition import PCA
17.   from sklearn.pipeline import make_pipeline
18.   # 数据集将每个像素点当成一个特征,数量过多,用 PCA 降维后保存 150 个主成分特征
19.   pca = PCA(n_components = 150, whiten = True, random_state = 42)
20.   # 构建基于径向基函数的 SVM 分类器
21.   svc = SVC(kernel = 'rbf', class_weight = 'balanced')
22.   # 构建降维建模流水线
23.   model = make_pipeline(pca, svc)
24.   from sklearn.model_selection import train_test_split
25.   # 切分训练集和测试集数据
26.   Xtrain, Xtest, ytrain, ytest = train_test_split(faces.data, faces.target, random_state = 40)
27.   from sklearn.model_selection import GridSearchCV
28.   # 使用 grid search cross-validation 来选择最佳模型参数,
29.   # 穷举测试 9 种 C 值和 γ 值的组合生成的分类器的性能
30.   param_grid = {'svc__C': [1, 5, 10], 'svc__gamma': [0.0001, 0.0005, 0.001]}
31.   grid = GridSearchCV(model, param_grid)
32.   grid.fit(Xtrain, ytrain)
33.   # 选出的最佳超参数为 C = 5 , γ = 0.001
34.   print(grid.best_params_)
35.   model = grid.best_estimator_
36.   yfit = model.predict(Xtest)
37.   # 打印出测试集大小,值为 337
38.   print(yfit.shape)
39.   fig, ax = plt.subplots(4, 6)
40.   # 人脸图像类别分类结果展示,成功的用黑色表示,不成功的用红色表示
41.   for i, axi in enumerate(ax.flat):
42.       axi.imshow(Xtest[i].reshape(62, 47), cmap = 'bone')
43.       axi.set(xticks = [], yticks = [])
44.       axi.set_ylabel(faces.target_names[yfit[i]].split()[-1], color = 'black' if yfit[i] ==
          ytest[i] else 'red')
45.   fig.suptitle('Predicted Names; Incorrect Labels in Red', size = 14);
46.   plt.show()
47.   from sklearn.metrics import classification_report
48.   print(classification_report(ytest, yfit, target_names = faces.target_names))
49.   from sklearn.metrics import confusion_matrix
50.   import seaborn as sns
```

```
51.    mat = confusion_matrix(ytest, yfit)
52.    sns.heatmap(mat.T, square = True, annot = True, fmt = 'd', cbar = False,
53.                xticklabels = faces.target_names, yticklabels = faces.target_names)
54.    plt.xlabel('true label')
55.    plt.ylabel('predicted label')
56.    plt.show()
```

图 6.10 显示了样本数超过 60 个的图像类别的部分人脸图像样本,可以看出人脸图像具有光照、姿态、表情、饰品等变化,需要用基于核函数的 KSVM 进行分类器训练。

彩图 6.10

图 6.10　数据集人脸图像示例

图 6.11 显示了部分人脸识别结果,红色名字表示识别错误,黑色名字表示识别正确。图中可以看出,遮挡会很大程度上影响识别效果。例如,Powell 的两幅带手指遮挡的图像都被误识别成了其他类别。同时,表情和姿态变化也很影响识别效果,例如 Schroeder 类别的两幅图像被误识别成了其他类别。

彩图 6.11

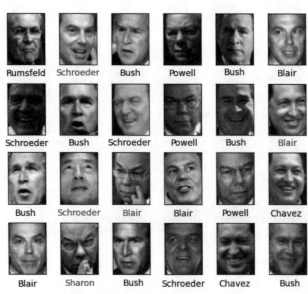

图 6.11　人脸识别结果示例

表 6.2 展示了 KSVM 的分类效果。其中，George W Bush 的准确率和召回率都是最高的，从图像内容看也最稳定。而具有较大内容变化的类别，如 Colin Powell 和 Schroeder 则在准确率上偏低。

表 6.2　KSVM 分类器分类效果

|  | precision | recall | f1-score | support |
|---|---|---|---|---|
| Ariel Sharon | 0.5 | 0.5 | 0.5 | 16 |
| Colin Powell | 0.7 | 0.81 | 0.75 | 54 |
| Donald Rumsfeld | 0.83 | 0.85 | 0.84 | 34 |
| George W Bush | 0.94 | 0.88 | 0.91 | 136 |
| Gerhard Schroeder | 0.7 | 0.85 | 0.77 | 27 |
| Hugo Chavez | 0.81 | 0.72 | 0.76 | 18 |
| Junichiro Koizumi | 0.87 | 0.87 | 0.87 | 15 |
| Tony Blair | 0.85 | 0.76 | 0.8 | 37 |
| accuracy |  |  | 0.82 | 337 |
| macro avg | 0.77 | 0.78 | 0.77 | 337 |
| weighted avg | 0.83 | 0.82 | 0.82 | 337 |

图 6.12 显示了 KSVM 分类结果的混淆矩阵。容易看出 George W Bush 的支持度、准确率和召回率都较高。颜色越浅代表分类效果越好。而颜色最深的 Ariel Sharon 类，由于支持度太低，导致其准确率和召回率不稳定，容易受到噪声干扰而取值偏低。

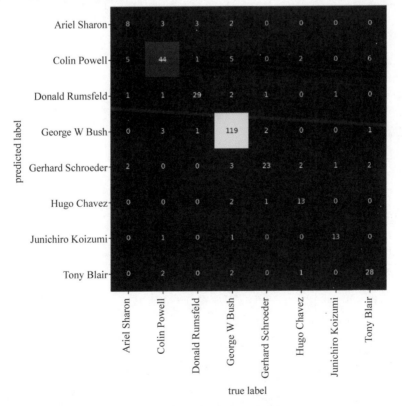

彩图 6.12

图 6.12　KSVM 分类器混淆矩阵

## 6.5　知识扩展

关于 SVM 算法,目前有很多新的方法不断出现,比如 K-SVM-XGBoost 方法,REK-SVM 等,而且应用场景越来越多,大家可以查阅相关文献。

## 6.6　习题

1. 解释线性 SVM 分类器的原理。
2. 归纳总结常见的核函数有哪些,并简要解释其优缺点。
3. 对于欠拟合和过拟合问题,如何调整参数?
4. 解释核函数的工作原理。
5. 请列举几个生活中可以用 SVM 分类器解决的问题。

# 第7章

# 随机森林

CHAPTER **7**

**本章学习目标**

- 认知类目标：熟悉集成学习、随机森林、Bagging 算法基本原理。
- 价值类目标：理解集成学习、随机森林训练算法。
- 方法类目标：会用随机森林算法解决问题。
- 情感、态度、价值观类目标：了解随机森林算法在相关问题上的应用，理解其理论原理，了解最新动态，能灵活地运用相关知识分析、研究和解决实际问题，培养学生解决问题的能力，树立正确的社会主义核心价值观，培养学生的创新能力和社会责任感。

本章主要介绍集成学习、随机森林算法、随机森林算法应用案例及应用场景。

# 7.1　集成学习原理

假如对于同一个分类问题我们用各种方法训练了多个分类器,每个分类器都在自己的能力范围内达到了最优分类效果,有没有什么办法进一步提高分类效果呢? 一个有效的解决方案就是对这些分类器进行集成,最终形成一个分类效果高于所有单个分类器的集成分类器,这个集成的过程就叫作集成学习。

人们很容易提出疑问:集成后的分类器的分类效果一定比单个分类器更好吗? 答案是肯定的,前提是每个分类器的正确率要高于 50%。可以做一个简单的实验验证这一点。假设有一个稍微偏向的硬币,有 51% 的机会出现正面,49% 的机会是反面。如果把它扔 1000次,通常会得到更多或更少的 510 个正面和 490 个反面,因此很可能大多数结果是正面。如果这样做,会发现在 1000 次投掷后获得大多数正面的概率接近 75%。投币次数越多,概率越高(例如,投币 10 000 次,概率超过 97%)。这是由大数定律决定的:当不断投掷硬币时,正面的比例越来越接近正面的概率(51%)。图 7.1 显示了 10 个系列的有偏硬币的抛掷结果。可以看出,随着投掷次数的增加,正面的比例接近 51%。最终,所有 10 个系列最终都接近 51%,而且一直高于 50%。

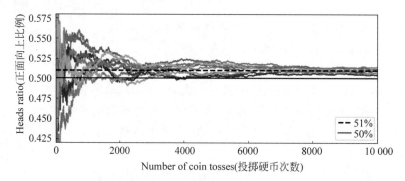

图 7.1　有偏硬币的抛掷结果

同理,假设构建一个包含 1000 个分类器的集合,这些单个分类器都具有 51% 的预测正确率(略比随机猜测好)。如果将最终预测结果定为大多数分类器投票的类,那么最终分类结果可以达到 75% 的正确率,如果换成 10 000 个分类器的集合,投票结果可以达到 97% 的正确率。当然,只有当所有分类器完全独立且产生不相关的错误时,这个结论才成立。因为它们是在相同的数据上训练的,可能会犯相同类型的错误,因此会有许多多数票支持错误类,从而降低集合的准确性。当预测因素尽可能相互独立时,集成方法效果最佳。获得不同分类器的一种方法是使用不同的算法来训练它们,以此增加它们产生不同类型错误的可能性,提高分类器集合的准确性。

上述过程的有效性可用一个简单的例子从数学上证明。以二分类问题为场景,假设我们在一个数据集上训练出了三个弱分类器,这些弱分类器均满足错误率 $\varepsilon < 0.5$ 且相互独立。如果对预测样本的类别进行多数表决,那么这个集成模型的错误率是多少呢? 结论是至少两个分类器都判错的概率,所以集成分类错误率为:

$$\varepsilon' = C_3^3 \varepsilon^3 + C_3^2 \varepsilon^2 (1-\varepsilon) = -2\varepsilon^3 + 3\varepsilon^2 < \varepsilon$$

其中,$C$ 代表组合数运算符。所以,从数学上可以证明,集成学习能提高分类正确率。

# 7.2　算法流程

集成学习算法按运行方式可分为并行和串行两大类。其中,并行方式集成学习以 Bagging 为代表,串行方式集成学习以 Boosting 为代表,下面分别介绍这两种算法的原理和流程。

## 7.2.1　Bagging 集成算法

(1) Bagging 算法(Boostrap Aggregating,引导聚集算法),又称为装袋算法。Bagging 算法可与其他分类、回归算法结合,提高其准确率、稳定性的同时,通过降低结果的方差,避免过拟合的发生。

(2) Bagging 方法有很多种,其主要区别在于随机抽取训练子集的方法不同:①如果抽取的数据集的随机子集是样例的随机子集,称为 Pasting。②如果样例抽取是有放回的,称为 Bagging。③如果抽取的数据集的随机子集是特征的随机子集,称作随机子空间(Random Subspaces)。④如果基估计器构建在对于样本和特征抽取的子集之上时,称为随机补丁(Random Patches)。

(3) 在 Sklearn 中,Bagging 方法使用同一的 Bagging Classifier 元估计器(或 Bagging Regressor),输入的参数和随机子集抽取策略由用户指定。max_samples 和 max_features 控制着子集的大小(对于样例和特征),bootstrap 和 bootstrap-features 控制着样例和特征的抽取是有放回还是无放回的。当使用样本集时,通过设置 oob_score＝True,可以使用袋外(out of bag)样本评估泛化精度。

(4) 在 Bagging 中,一个样本可能被多次采样,也可能一直不被采样,假设一个样本一直不出现在采样集的概率为 $\left(1-\dfrac{1}{n}\right)^n$,其中 $n$ 为样本个数,那么对其求极限可知:

$$\lim_{n \to \infty} \left(1 - \frac{1}{n}\right)^n = \frac{1}{e} \approx 0.368$$

原始样本数据集中有 63.2% 的样本出现在 Bagging 使用的数据集中,同时在采样中,还可以使用袋外样本(out of bagging)来对模型的泛化精度进行评估。

(5) 最终的预测结果。

① 对于分类任务使用简单投票法,即每个分类器一票进行投票(也可以进行概率平均)。

② 对于回归任务,则采用简单平均获取最终结果,即取所有分类器的平均值。

虽然在 Bagging 中引入的随机分割增加了偏差,但是因为多个模型的集成平均,使得在总体上获取了更好的模型。

(6) Bagging 算法流程。

输入为样本集 $D = \{(x_1, y_1), \cdots, (x_n, y_n)\}$,弱分类器算法,以及弱分类器迭代次数 $T$。

输出为最终的强分类器 $f(x)$。

① 对于 $t=1,\cdots,T$：

　a. 对训练集进行第 $t$ 次随机采样,共采样 $n$ 次,得到包含 $n$ 个样本的采样集 $D_t$。

　b. 用采样集 $D_t$ 训练第 $t$ 个弱分类器 $G_t(x)$。

② 如果是分类算法预测,则 $T$ 个弱学习器投出最多票数的类别或者类别之一为最终类别。如果是回归算法预测,则 $T$ 个弱学习器得到的回归结果进行算术平均得到的值为最终的模型输出。

（7）bootstrapping 方法的主要过程如下。

① 重复地从一个样本集合 $D$ 中采样 $n$ 个样本。

② 针对每次样本的子样本集,进行统计学习,获得假设 $H_i$。

③ 将若干假设进行组合,形成最终的假设 $H_{final}$。

④ 将最终的假设用于具体的分类任务。

（8）Bagging 的总结如下。

① Bagging 通过降低基分类器的方差,改善了泛化的误差。

② 性能依赖于基分类器的稳定。

如果基分类器不稳定,Bagging 有助于降低训练数据的随机波动导致的误差。如果稳定,则集成分类器的误差主要由基分类器的偏移引起的。

③ 由于每个样本被选中的概率是相同的,因此 Bagging 并不侧重于训练数据集中的任何特定实例。

如图 7.2 所示,图(a)显示了用决策树做分类器对两类数据的分类效果,其中有明显的过拟合现象,分类正确率为 0.856。图(b)显示了将与左图相同的多个决策树进行 Bagging 集成后的分类效果,其分类边界更完整和平滑,过拟合现象得到抑制,泛化能力提高,正确率为 0.904。

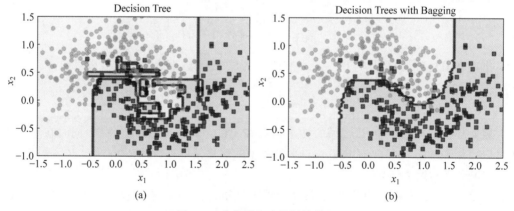

图 7.2　分类器为决策树的效果

## 7.2.2　Boosting 集成算法

### 1. Boosting 算法原理

Boosting 是一种将弱分类器通过某种方式结合起来,得到一个分类性能大大提高的强化分类器的分类算法。该方法可以把一些粗略的经验规则转变为高度准确的预测法则。强分类器对数据进行分类,是通过弱分类器的多数投票机制进行的。该算法是一个简单的弱分类算法提升过程,这个过程通过不断的训练,以提高对数据的分类能力。

### 2. Boosting 的思路流程

①从样本整体集合 $D$ 中,不放回地随机抽样 $n_1(n_1 < n)$ 个样本,得到集合 $D_1$,训练弱分类器 $C_1$。②从样本整体集合 $D$ 中,不放回地随机抽样 $n_2(n_2 < n)$ 个样本,得到集合 $D_2$,训练弱分类器 $C_2$。③抽取样本整体集合 $D$ 中,$C_1$ 和 $C_2$ 分类不一致的样本,组成样本集合 $D_3$,训练弱分类器 $C_3$。④用三个分类器做投票,得到最后分类结果。

### 3. Boosting 算法流程

Boosting 算法主要涉及加法模型、前向分步和算法三要素。

1）加法模型

强分类器是由一系列弱分类器线性相加而成。一般组合形式如下:

$$F_M(x,p) = \sum_{m=1}^{n} \beta_m h(x,a_m)$$

其中,$h(x,a_m)$ 是弱分类器,$a_m$ 是弱分类器训练出的最优参数,$\beta_m$ 就是弱分类器在强分类器中的权重,$p$ 代表所有 $a_m$ 和 $\beta_m$ 的组合。

2）前向分步

在训练过程中,下一轮迭代产生的分类器是在上一轮的基础上训练得来的。可以写成如下形式:

$$F_m(x) = F_{m-1}(x) + \beta_m h(x,a_m)$$

由于采用的损失函数不同,Boosting 算法也因此有了不同的类型。

3）算法三要素

① 函数模型。Boosting 的函数模型是叠加型,即

$$F(x) = \sum_{i=1}^{k} f_i(x,\theta_i)$$

② 目标函数。选定某种损失函数作为优化目标,即

$$E(F(x)) = E\left(\sum_{i=1}^{k} f_i(x,\theta_i)\right)$$

③ 优化算法。贪心算法,逐步优化,即

$$\theta_m^* = \arg\min_{\theta_m} E\left(\sum_{i=1}^{k} f_i(x,\theta_i^*) + f_m(x,\theta_m)\right)$$

### 4. Boosting 四大家族

Boosting 并非一种方法,而是一类方法。按照损失函数的不同,将其细分为若干算法,以下为四种不同损失函数对应的 Boosting 方法,如表 7.1 所示。

表 7.1　四类 Boosting 损失函数

| ① squared error 平方损失 | ② absolute error 绝对损失 |
|---|---|
| Loss(损失函数)：$\frac{1}{2}(y_i - f(x_i))^2$ | Loss(损失函数)：$\lvert y_i - f(x_i) \rvert$ |
| Derivative(导数)：$y_i - f(x_i)$ | Derivative(导数)：$\text{sign}(y_i - f(x_i))$ |
| 目标函数 $f^*$：$E(y \mid x_i)$ | 目标函数 $f^*$：$\text{median}(y \mid x_i)$ |
| 算法：L2Boosting | 算法：Gradient Boosting |
| ③ exponential Loss 指数损失 | ④ logLoss 对数损失 |
| Loss(损失函数)：$e^{-y_i f(x_i)}$ | Loss(损失函数)：$\log_2(1 + e^{-y_i f_i})$ |
| Derivative(导数)：$-y_i e^{-y_i f(x_i)}$ | Derivative(导数)：$y_i - \pi_i$ |
| 目标函数 $f^*$：$\frac{1}{2}\log_2\frac{\pi_i}{1-\pi_i}$ | 目标函数 $f^*$：$\frac{1}{2}\log_2\frac{\pi_i}{1-\pi_i}$ |
| 算法：AdaBoost | 算法：LogitBoost |

### 5. Boosting 算法需要解决的问题

① 如何调整训练集，使得在训练集上训练的弱分类器得以进行。

② 如何将训练得到的各个弱分类器联合起来形成强分类器。

### 6. Boosting 的特点

① Boosting 是一种框架算法，拥有系列算法。

② Boosting 系列算法的主要区别在于其三要素选取的函数不同。

③ 可以提高任意给定算法准确度。

④ 训练过程为阶梯状，弱分类器按次序一一进行训练，弱分类器的训练集按某种策略每次都进行一定的转化，最后以一定的方式将弱分类器组合成一个强分类器。

⑤ Boosting 中所有的弱分类器可以是不同的分类器，实际运用中很少这样做。

如图 7.3 所示，图(a)表示使用决策树对两类数据进行分类的效果，出现了过拟合。图(b)表示使用 AdaBoost 集成算法对决策树基分类器进行集成学习的过程。五条带序号的曲线分别表示五个连续的预测器的决策边界。可以看出，随着序号的增加，分类器的正确率也随之增加。在每一次迭代的过程中，前一个分类器的错误实例的权重得到提升，所以当前分类器在这些实例上的分类效果得到改善。图(c)表示相同的预测器序列，区别在于学习率(learning_rate)从 1 变为了 0.5，其含义是每次迭代仅提升一半错分的实例对应的权重，类似于梯度下降法的步长。区别在于不再是最小化单个预测器的成本函数，而是不断加入新的改善的预测器来提高总体性能。可以看出，学习率下降后集成效果更稳定。当全部预测器训练完成后，集成分类器的预测过程就和 bagging 类似。

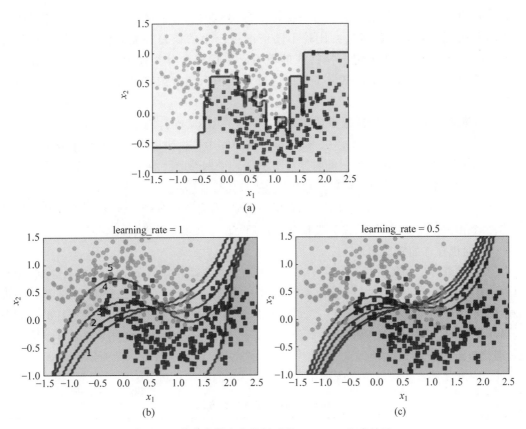

图 7.3　基分类器为决策树时的 AdaBoost 集成效果

# 🔑 7.3　随机森林算法

## 7.3.1　随机森林原理

随机森林(Random Forest)是 Bagging 算法的进化版。

(1) 随机森林就是用随机的方式建立一个由很多的决策树组成的森林。每一棵决策树之间是没有关联的。在得到森林之后,当有一个新的输入样本进入的时候,就让森林中的每一棵决策树分别进行判断这个样本应该属于哪一类,哪一类被选择最多,就预测这个样本为哪一类。

(2) 一般很多的决策树算法都有一个重要的步骤:剪枝。但是在随机森林里不这样做,由于之前的两个随机采样的过程保证了随机性,所以就算不剪枝,也不会出现过拟合。按这种算法得到的随机森林的每一棵决策树虽然较弱,但是,全部组合起来会很强。

(3) 随机森林基本原理为通过自助法(bootstrap)重采样技术,从原始训练样本集 $N$ 中有放回地重复随机抽样 $K$ 个样本生成新的训练样本集合,然后根据自助样本集生成 $K$ 个分类树,新数据的分类结果按分类树投票多少形成的分数而定。其实质是对决策树算法的一种改进,将多个决策树合并在一起,其中每棵树的建立依赖于一个独立抽取的样本,具有相同的分布,分类误差取决于每一棵树的分类能力和它们的相关性。特征选择采用随机的方法去分裂每一个节点去比较不同情况下产生的误差。能够检测到的内在估计误差、分类能力和相关性决定选择特征的数目。单棵树的分类能力可能很小,但在随机产生大量的决策树后,一个测试样本可以通过每一棵树的分类结果经统计后选择最可能的分类。

(4) 随机森林的三个主要超参数调整如下。

① 节点规模。随机森林不像决策树,每一棵树叶子节点所包含的观察样本数量可能十分少。该超参数的目标是生成树的时候尽可能保持小偏差。

② 树的数量。在实践中选择数百棵树一般是比较好的选择。

③ 预测器采样的数量。一般来说,如果一共有 $D$ 个预测器,那么可以在回归任务中使用 $D/3$ 个预测器作为采样数,在分类任务中使用 $\sqrt{D}$ 个预测器作为抽样。

(5) 随机森林的实现如下。

① 随机森林中的每一棵分类树为二叉树,其生成遵循自顶向下的递归分裂原则,即从根节点开始依次对训练集进行划分:在二叉树中,根节点包含全部训练数据,按照节点纯度最小原则,分裂为左节点和右节点。它们分别包含训练数据的一个子集,按照同样的规则节点继续分裂,直到满足分支停止规则而停止生长。若节点 $n$ 上的分类树全部来自于同一类别,则此节点的纯度 $l(n)=0$。

② 纯度度量方法如表 7.2 所示。

表 7.2　两种纯度度量方法

| (a) 分类树为 Gini 准则 | (b) 回归树为方差计算准则 |
| --- | --- |
| $\text{Gini} = 1 - \sum_{i \in I} p_i^2$ <br> $\text{Gain} = \sum_{i \in I} p_i \times \text{Gini}$ | $\sigma = \sqrt{\sum_{i \in n}(x_i - \mu)^2} = \sqrt{\sum_{i \in n} x_i^2 - n\mu^2}$ <br> $\text{Gain} = \sum_{i \in n} \sigma_i$ |

③ 具体实现过程如下。

(a) 原始训练集为 $N$,应用 bootstrap 法有放回地随机抽取 $k$ 个新的自助样本集,并由此构建 $k$ 棵分类树,每次未被抽到的样本组成了 $k$ 个袋外数据。

(b) 设有 $m$ 个变量,则在每一棵树的每个节点处随机抽取 $m'$ 个变量($m' < m$),然后在 $m'$ 中选择一个最具有分类能力的变量,变量分类的阈值通过检查每一个分类点确定。

(c) 每棵树最大限度地生长,不作任何修剪。

(d) 将生成的多棵分类树组成随机森林,用随机森林分类器对新的数据进行判别与分类,分类结果按树分类器的投票多少而定。

(6) 随机森林的优点如下。

随机森林具有较高的准确率。在数据集上表现良好,两个随机性的引入(样本随机选择,特征随机选择)使得随机森林不容易陷入过拟合。在当前的很多数据集上,随机森林相对其他算法有着很大的优势,两个随机性的引入使得随机森林具有很好的抗噪声能力,训练出的模型的方差小、泛化能力强。随机森林能够处理很高维度的数据,并且不用做特征选择,对数据集的适应能力强:既能处理离散型数据,也能处理连续型数据,数据集无须规范化(归一化)。随机森林可生成一个 **Proximities**＝$(p_{ij})$矩阵,用于度量样本之间的相似性:$p_{ij}＝a_{ij}/N$,$a\_ij$ 表示样本 $i$ 和 $j$ 出现在随机森林中同一个叶子节点的次数;$N$ 表示随机森林中树的棵数。在创建随机森林的时候,对泛化错误使用的是无偏估计。随机森林训练速度快,可以得到变量重要性排序(两种:基于 OOB 误分率(Out of Bag Error,OOB),即袋外错误率的增加量和基于分裂的 Gini 下降量)。在训练过程中,能够检测到特征间的互相影响。此外,随机森林容易做成并行化方法,实现比较简单,对部分特征缺失不敏感。

(7) 随机森林的局限性如下。

当需要推测超出范围的独立变量或非独立变量时最好使用如 MARS 那样的算法。在某些噪声较大的样本集上,随机森林模型容易陷入过拟合。随机森林算法在训练和预测时都比较慢。如果需要区分的类别非常多,随机森林的表现并不会很好。取值划分比较多的特征容易对随机森林的决策产生更大的影响,从而影响拟合模型的效果。

(8) 随机森林应用如下。

① 随机森林主要应用于回归和分类。

随机森林和使用决策树作为基本分类器 Bagging 有些相似。以决策树为基本模型的 Bagging 在每次 bootstrap 放回抽样之后会产生一棵决策树,抽多少样本就生成多少棵树,在生成这些树的时候,没有进行更多的干预。而随机森林也是进行 bootstrap 抽样,但与 Bagging 的区别是:在生成每棵树的时候,每个节点变量都仅仅在随机选出的少数变量中产生。因此,不但样本是随机的,连每个节点变量(features)的产生都是随机的。

② 许多研究表明,组合分类器比单一分类器的分类效果好,随机森林是一种利用多个分类树对数据进行判别与分类的方法,它在对数据进行分类的同时,还可以给出各个变量特征的重要性评估,评估各个变量在分类器中所起的作用。

(9) 随机森林模型的注意点如下。

设有 $N$ 个样本,每个样本有 $M$ 个特征,决策树们其实都是随机地接受 $n$ 个样本(对样本随机采样,即对行随机采样)的 $m$ 个特征(对特征随机采样,即对列随机采样),每棵决策树的 $m$ 个特征相同。每棵决策树其实都是对特定的数据进行学习归纳出分类方法,而随机取样可以保证有重复样本被不同的决策树分类,这样就可以对不同决策树的分类能力做个评价。

## 7.3.2　随机森林案例——红酒分类

本案例使用决策树模型、随机森林和梯度提升树分别对 sklearn 的 Wine 数据集中的红酒数据样本进行分类,并展示如何简洁地实现上述三种树模型的训练和预测过程。Wine 数据集包含了 178 个样本,代表了红酒的三个档次(分别有 59,71,48 个样本),以及与之对应的 13 维的属性数据,适用于分类任务。案例中设置决策树的深度为三,随机森林和梯度提升树的基分类器也是深度为 3 的决策树,最后对比了三种模型的分类效果。

```
1.    # coding = utf - 8
2.    from sklearn.datasets import load_wine
3.    from sklearn.model_selection import train_test_split
4.    from sklearn.tree import DecisionTreeClassifier
```

```
5.    import matplotlib.pyplot as plt
6.    import seaborn as sns
7.    from sklearn.metrics import confusion_matrix
8.    import warnings
9.    warnings.filterwarnings('ignore')
10.   # 加载 wine 数据集
11.   wine = load_wine()
12.   print(wine)
13.   print(wine.target_names)
14.   # 划分训练集和测试集
15.   X_train, X_test, y_train, y_test = train_test_split(wine.data, wine.target, test_size =
      0.33, random_state = 0)
16.   # 构建决策树分类器
17.   clf_dt = DecisionTreeClassifier(max_depth = 3, criterion = 'gini', random_state = 0)
18.   clf_dt = clf_dt.fit(X_train, y_train)
19.   y_test_est = clf_dt.predict(X_test)
20.   # 输出混淆矩阵
21.   mat = confusion_matrix(y_test, y_test_est)
22.   sns.heatmap(mat.T, square = True, annot = True, fmt = 'd', cbar = False,
23.               xticklabels = wine.target_names,
24.               yticklabels = wine.target_names)
25.   plt.xlabel('true label')
26.   plt.ylabel('predicted label')
27.   plt.show()
28.   # 查看特征重要性
29.   print(clf_dt.feature_importances_)
30.   plt.barh(wine.feature_names, clf_dt.feature_importances_)
31.   plt.subplots_adjust(left = .4)
32.   plt.show()
33.   import graphviz
34.   from sklearn import tree
35.   dot_data = tree.export_graphviz(clf_dt, out_file = None, feature_names = wine.feature_
      names, class_names = wine.target_names, filled = True, rounded = True, special_characters =
      True)
36.   graph = graphviz.Source(dot_data)
37.   graph.render("wine")
38.   import numpy as np
39.   from sklearn.ensemble import RandomForestClassifier
40.   # 构建随机森林
41.   clf_rf = RandomForestClassifier(n_estimators = 20, max_depth = 3, criterion = 'gini', n_
      jobs = 4, random_state = 0)
42.   clf_rf = clf_rf.fit(X_train, y_train)
43.   y_test_est_rf = clf_rf.predict(X_test)
44.   # 输出混淆矩阵
45.   mat = confusion_matrix(y_test, y_test_est_rf)
46.   sns.heatmap(mat.T, square = True, annot = True, fmt = 'd', cbar = False,
47.               xticklabels = wine.target_names,
48.               yticklabels = wine.target_names)
49.   plt.xlabel('true label')
50.   plt.ylabel('predicted label')
51.   plt.show()
52.   # 查看特征重要性
```

```
53.  print(clf_rf.feature_importances_)
54.  plt.barh(wine.feature_names, clf_rf.feature_importances_)
55.  plt.subplots_adjust(left = .4)
56.  plt.show()
57.  from sklearn.ensemble import GradientBoostingClassifier
58.  ♯ 构建梯度提升树
59.  clf_gbt = GradientBoostingClassifier(random_state = 0)
60.  clf_gbt.fit(X_train, y_train)
61.  y_test_est_gbt = clf_gbt.predict(X_test)
62.  ♯ 输出混淆矩阵
63.  mat = confusion_matrix(y_test, y_test_est_gbt)
64.  sns.heatmap(mat.T, square = True, annot = True, fmt = 'd', cbar = False,
65.              xticklabels = wine.target_names,
66.              yticklabels = wine.target_names)
67.  plt.xlabel('true label')
68.  plt.ylabel('predicted label')
69.  plt.show()
70.  ♯ 查看特征重要性
71.  print(clf_gbt.feature_importances_)
72.  plt.barh(wine.feature_names, clf_gbt.feature_importances_)
73.  plt.subplots_adjust(left = .4)
74.  plt.show()
```

如图 7.4 所示,graphviz 模块绘制出了深度为 3 的决策树模型的可视化效果,橙、绿、紫三种颜色分别代表 class_0、class_1 和 class_2 三种类型红酒的分类结果。决策树的逻辑比较简单,可以等同于嵌套的 if-else 语句,其中的判断条件通过学习训练数据得出,仅涉及十三个特征中的 color_intensity、proline、flavanoids 和 ash 四个特征。

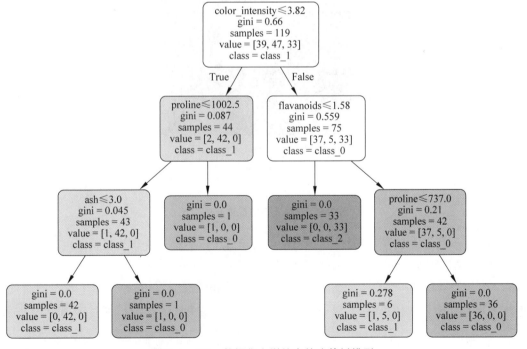

图 7.4　Wine 数据集上训练出的决策树模型

如图 7.5 所示，(a)、(b)、(c)分别代表决策树、随机森林和梯度提升树三种模型的分类效果。可以看出，决策树的分类结果中出现了三个错误，梯度提升出现了两个错误，而随机森林的分类正确率为 100%。此例中，梯度提升法提高了分类正确率，但由于其串行工作方式，其分类效果不如随机森林的并行集成的结果。

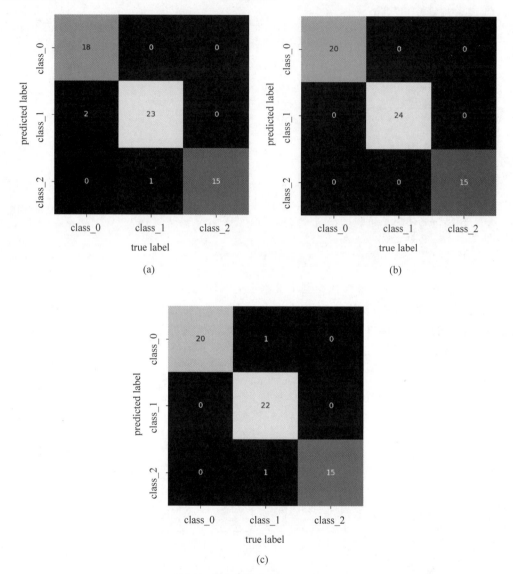

图 7.5　三种模型的混淆矩阵对比

如图 7.6 所示，三种模型对十三种特征的使用度很不一样。决策树模型(a)仅使用了四种特征，该结果印证了图 7.4 中的决策树，其中 color_intensity 和 proanthocyanins 两个特征占到了 80%以上的比重。相比之下，随机森林(b)和梯度提升树(c)使用了较多的特征，其中随机森林的特征分布更平均，充分利用了各种特征的分类能力，最终的分类效果也最好。

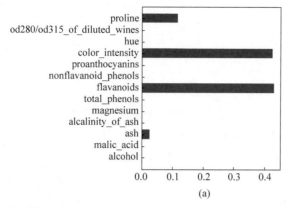

(a)

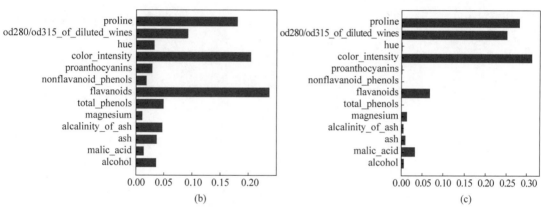

(b)　　　　　　　　　　　　　　　　(c)

图 7.6　三种模型特征重要性对比

## 7.4　知识扩展

随机森林算法具有算法简单、计算快等特点,目前被广泛应用,主要应用场景体现在场景分割、音频识别、行为识别、金融信用风险评估等领域,大家可以查阅相关文献了解更多。

## 7.5　习题

1. 解释集成学习算法的工作原理。
2. 集成学习算法可以分为哪几类?各有什么优缺点?
3. 随机森林属于哪一类集成算法?简述其工作原理。
4. 某些情况下集成学习算法的正确率低于决策树,简述其原因。
5. 请列举几个 Boosting 损失函数,并说明它们适用于哪种模型。

# 第三部分

# 无监督学习模型

第 **8** 章

# 数 据 降 维

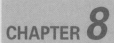

**本章学习目标**

- 认知类目标：熟悉主成分分析 PCA 的基本思想。
- 价值类目标：掌握降维与重构算法。
- 方法类目标：灵活运用降维与重构算法解决实际问题。
- 情感、态度、价值观类目标：掌握数据降维与重构方法在相关领域中的适用性；了解最新数据降维方法，能够运用相应方法分析、研究和解决实际问题；引导学生树立远大理想和崇高追求，培养学生解决实际问题的创新意识和社会责任感，养成批判思维习惯，运用所学知识深入思考如何解决我国人工智能目前所面临的数据维数灾难的问题。

本章主要介绍降维与重构算法思想；PCA 算法和随机近邻嵌入应用案例；PCA 与其他算法结合的部分应用场景。

# 🔍 8.1　降维与重构算法思想

在训练分类器的时候,我们通常会发现一个很重要的问题,就是数据样本的特征太多了(比如将图像的每个像素当作一个特征),这会导致训练的时间过长。而且,其中有很多特征都是高度相关的(比如图像中的背景区域像素),或者跟分类的需求关系不大。这时,就有必要对特征进行筛选和重组,使之更少的特征具备更高的分类能力、更低的相关度。将高维特征降低成为低维特征的过程就是降维。如果从低维特征能够通过某种算法,恢复出降维之前的高维特征,这个过程就是重构。

降维是机器学习中很重要的一种思想。在机器学习中经常会碰到一些高维的数据集,而在高维数据情形下会出现数据样本稀疏,距离计算等困难,这类问题是所有机器学习方法共同面临的严重问题,称之为"维度灾难"。另外在高维特征中容易出现特征之间的线性相关,这也就意味着有的特征是冗余存在的。基于这些问题,降维思想就出现了。当数据量比较大的时候,可以通过降维的方式来处理,常见的降维方法有主成分分析(Principle Component Analysis,PCA)、因子分析(Factor Analysis)、线性判别分析(Linear Discriminant Analysis,LDA)、奇异值分解(SVD),下面以 PCA 和 LDA 为代表介绍降维方法。

PCA 是最常用的线性降维方法,它的目标是通过某种线性投影将高维的数据映射到低维的空间中表示,并期望在所投影的维度上数据的方差最大,以此使用较少的数据维度,同时保留住较多的原数据点的特性。其优点是能降低数据的复杂性,识别最重要的多个特征。缺点是得到的特征不一定是分类所需要的,且可能损失有用信息。PCA 适用于数值型数据。

通俗地理解,如果把所有的点都映射到一起,那么几乎所有的信息(如点和点之间的距离关系)都丢失了,而如果映射后方差尽可能地大,那么数据点则会分散开来,以此来保留更多的信息。PCA 是丢失原始数据信息最少的一种线性降维方式(实际上就是最接近原始数据,但是 PCA 并不试图去探索数据内在结构)。

PCA 追求的是在降维之后能够最大化保持数据的内在信息,并通过衡量在投影方向上的数据方差的大小来衡量该方向的重要性。但是这样投影以后对数据的区分作用并不大,反而可能使得数据点混合在一起无法区分。这也是 PCA 存在的最大一个问题,这导致使用 PCA 在很多情况下的分类效果并不好。

LDA 是一种有监督的(Supervised)线性降维算法。与 PCA 保持数据信息不同,LDA 是为了使得降维后的数据点尽可能地容易被区分。假设原始数据表示为 $X$($m \times n$ 矩阵,$m$ 是维度,$n$ 是样本的数量)。既然是线性的,那么就是希望找到一个单位向量 $w$,将数据集中的样例投影到 $w$ 上,使得到的数据点能够保持以下两种性质:①同类的数据点尽可能地接近,②不同类的数据点尽可能地分开。

LDA 有如下两个假设:原始数据根据样本均值进行分类;不同类的数据拥有相同的协方差矩阵。LDA 关心的是能够最大化类间区分度的坐标成分。将特征空间(数据集中的多维样本)投影到一个维度更小的 $k$ 维子空间中,同时保持区分类别的信息。LDA 的优点是计算速度快,充分利用了先验知识;缺点是当数据不是高斯分布时效果不好,这一点与 PCA 相同,降维之后的维数最多为类别数-1。所以当数据维度很高但类别数少的时候,算法并不适用。

　　重构算法非常简单,只需要对投影数据做逆向映射,也就是乘逆矩阵。由于在降维过程中数据信息有损失,所以重构的数据是原始数据的近似值。

　　如图 8.1 所示,图(a)和图(b)分别表示 PCA 和 LDA 将两类二维数据投影到一维空间的效果。可以看出,PCA 选择了方差最大的方向进行投影,投影的结果保留了原始数据最多的信息,但投影的过程中没有考虑数据的类别。而 LDA 选择了最大化类间距离的方向进行投影,投影的结果可以直接作为分类依据。

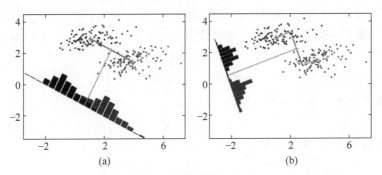

图 8.1　PCA 和 LDA 将二维数据投影到一维空间的效果对比

彩图 8.1

　　如图 8.2 所示,图(a)和图(b)分别显示了用 PCA 和 LDA 方法将 Iris 中具有四维特征的 150 个样本点投影到二维特征空间的效果,红、绿、蓝三种颜色分别表示三个类别。可以看出,PCA 方法投影生成的特征上方差最大,而 LDA 使降维后的数据更容易区分。

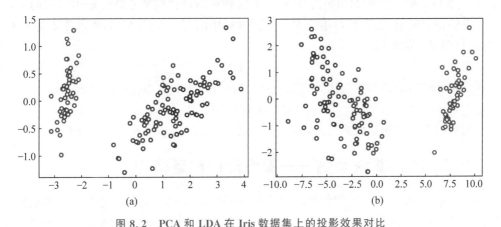

彩图 8.2

图 8.2　PCA 和 LDA 在 Iris 数据集上的投影效果对比

## 🔑 8.2　PCA

### 8.2.1　PCA 算法原理

　　PCA 算法主要通过计算选择特征值较大的特征向量对原始数据进行线性变换,不仅可以去除无用的噪声,还能减少计算量,在进行图像识别以及高维度数据降维处理中有很强的应用性。

PCA 算法流程如下：首先，对所有的样本进行中心化。设 $\boldsymbol{X}$ 为原始数据矩阵，其中的每一列代表一个数据样本点，每一行代表所有样本点的一个特征。$\boldsymbol{U}$ 为均值矩阵，每列内部的取值相同，均为该列的平均值。那么样本中心化的结果为：

$$\boldsymbol{X}^* = \boldsymbol{X} - \boldsymbol{U}$$

然后，将数据集的每个样本的不同特征减去所有样本对应特征的均值，处理过的不同特征上的数据均值为 0。这样处理的好处是可以减少特征之间的差异性，使得不同的特征具有相同的尺度，让不同特征对参数的影响程度一致。

接下来，计算样本的协方差矩阵，每列代表一个特征，每行代表一个样本。假设一共有 $m$ 行 $n$ 列，每列的均值为 $\overline{X}_i^*$，$i = 1, \cdots, n$，那么列均值矩阵为：

$$\boldsymbol{U}^* = [\overline{X}_1^*, \cdots, \overline{X}_n^*]$$

样本矩阵的每个样本减去对应列的均值得：

$$\boldsymbol{Z} = \boldsymbol{X}^* - \boldsymbol{U}^*$$

假设样本总数为 $N$，则协方差矩阵为：

$$\boldsymbol{Z}^* = \frac{1}{N-1} \boldsymbol{Z}^{\mathrm{T}} \boldsymbol{Z}$$

其中，$\boldsymbol{Z}^{\mathrm{T}}$ 代表矩阵 $\boldsymbol{Z}$ 的转置。

然后，对协方差矩阵进行特征值分解，得到特征值和特征向量：

$$\boldsymbol{Z}^* \boldsymbol{V} = \boldsymbol{\lambda} \boldsymbol{V}$$

其中，$\boldsymbol{\lambda}$ 代表特征值构成的对角矩阵，$\boldsymbol{V}$ 代表对应特征向量构成的矩阵。取出最大的 $k$ 个特征值对应的特征向量，组成投影矩阵 $\boldsymbol{W}$；对样本集中的每一个样本，都乘以投影矩阵 $\boldsymbol{W}$ 进行转化，得到降维的数据：

$$\boldsymbol{X}' = \boldsymbol{X} \boldsymbol{W}$$

若要用降维后的数据重构原始数据，可对其进行投影和中心化的逆运算，即

$$\boldsymbol{X}' = \boldsymbol{X}' \boldsymbol{W}^{\mathrm{T}} + \boldsymbol{U}$$

重构后的数据和原始数据之间存在误差，原因是降维过程中损失了部分信息。

## 8.2.2 PCA 算法案例——图像降维和重建

本案例使用 PCA 算法对图像处理中的经典图像 Lena(512×512)进行降维和重建。原始图像的特征维 512 维，即对于单幅图像每一列算一个特征。通过 PCA 算法依次进行中心化，计算协方差矩阵，求特征值和特征向量。然后降序保留部分特征值和特征向量，用其对原始图像进行映射得到降维后的数据。最后通过逆映射和逆中心化得到重构图像。此过程中用到的保留特征值的个数依次递减，取值分别为 512、256、128、64、32、16、8 和 4，重构图像和原始图像的对比体现了降维的作用。

```
1.  # coding = utf - 8
2.  import numpy as np
3.  import cv2 as cv
4.  # 数据中心化
```

```
5.   def Z_centerted(dataMat):
6.       rows, clos = dataMat.shape
7.       meanVal = np.mean(dataMat, axis = 0)
8.       meanVal = np.tile(meanVal, (rows, 1))
9.       newdata = dataMat - meanVal
10.      return newdata, meanVal
11.  # 求出特征值和特征向量
12.  def eigen(A, k):
13.      eigenValues, eigenVectors = np.linalg.eig(A)
14.      # 保留前 k 个特征值和特征向量
15.      idx = range(k)
16.      eigenValues = eigenValues[idx]
17.      eigenVectors = eigenVectors[:, idx]
18.      return (eigenValues, eigenVectors)
19.  # 获得降维图片
20.  def getlowDataMat(dataMat, K_eigenvactor):
21.      return dataMat * K_eigenvactor
22.  # 重构数据
23.  def Reconstruction(lowDataMat, K_eigenvactor, meanVal):
24.      reconDatMat = lowDataMat * K_eigenvactor.T + meanVal
25.      return reconDatMat
26.  # 创建 PCA
27.  def PCA(data, k):
28.      dataMat = np.float32(np.mat(data))
29.      dataMat, manVal = Z_centerted(dataMat)
30.      # 计算协方差矩阵
31.      covMat = np.cov(dataMat, rowvar = 0)
32.      D, V = eigen(covMat, k)
33.      lowDataMat = getlowDataMat(dataMat, V)
34.      reconstruction = Reconstruction(lowDataMat, V, manVal)
35.      return reconstruction
36.  imagePath = r'lena.bmp'
37.  image = cv.imread(imagePath)
38.  image = cv.cvtColor(image, cv.COLOR_BGR2GRAY)
39.  rows, cols = image.shape
40.  print("降维前的特征个数: " + str(cols) + "\n")
41.  print(image)
42.  print('------------------------------------------- ')
43.  cv.imshow('demo', image)
44.  for k in [512, 256, 128, 64, 32, 16, 8, 4]:
45.      reconImage = PCA(image, k)
46.      reconImage = reconImage.astype(np.uint8)
47.      print("降维后的特征个数: " + str(k))
48.      cv.imshow('demo2', reconImage)
49.      cv.waitKey()
```

如图 8.3 所示,图(a)为原图,图(b)~图(i)分别为保留特征个数为 512、256、128、64、32、16、8 和 4 个的情况下的重建图像。可以看出,在特征数从 512 减少到 128 的过程中,肉眼几乎无法分辨重建图像和原图的区别。进一步减少特征的过程中,区别明显出现。64 维特征仍然能够清晰地重建图像,但已能够看出颗粒状效果。32 维特征则有明显的颗粒状噪声,16 维、8 维和 4 维特征重建时图像质量大幅下降,4 维特征重建后肉眼已无法识别内容。

图 8.3　将原始图像特征不同程度降维后重建效果

　　本案例说明,图像内的像素点亮度值和空间位置上存在较大的冗余信息,PCA 能够在很大程度上去除数据的相关性,同时保留能用于分类的关键信息。所以,在很多分类任务中,数据预处理中都包含数据降维这一步。

# 8.3　随机近邻嵌入

## 8.3.1　随机近邻嵌入算法原理

　　随机近邻嵌入(Stochastic Neighbor Embedding,SNE)是一种非常高效的非线性降维算法。SNE 算法利用了每一个数据点的邻近数据点的分布来做降维。给定一个高维的数

据集 $X = \{x_1, x_2, \cdots, x_n\}$，需要将这个高维的数据集映射到一个低维的数据集 $Y = \{y_1, y_2, \cdots, y_n\}$，为了数据便于显示，$Y$ 的维度一般是二维或者三维。同时为了衡量高维数据的相似性，SNE 算法设置了一个条件概率。对于每一个目标数据点 $i$，选取邻居 $j$ 的概率使用了非对称概率（Asymmetric Probability）：

$$p_{j|i} = \frac{\exp(- \parallel x_i - x_j \parallel^2 / 2\sigma_i^2)}{\sum\limits_{k \neq i} \exp(- \parallel x_i - x_k \parallel^2 / 2\sigma_i^2)}$$

$p_{j|i}$ 衡量的是数据点 $j$ 作为数据点 $i$ 的邻域的概率，这个分布类似一个高斯分布，很显然，离 $x_i$ 越近的点，$p_{j|i}$ 的值越大，而离得越远的点，那么概率就会越小，利用这个条件概率来表示每一对数据点的相似性。因为考虑的是数据点与数据点之间的关系，不考虑数据点自身与自身的关系，所以 $p_{i|i} = 0$，$\sigma_i$ 是方差，后面会介绍如何设置这个方差。接下来，要考虑映射后的低维空间 $Y$ 的数据分布，同样可以用条件概率来表示：

$$p_{ij} = \frac{P_{j|i} + p_{i|j}}{2N}$$

$$q_{j|i} = \frac{\exp(- \parallel y_i - y_j \parallel^2)}{\sum\limits_{k \neq i} \exp(- \parallel y_i - y_k \parallel^2)}$$

在低维度的空间中，在没有失去通用性的情况下，将方差设置为一个固定值 $1/2$，所以高斯函数的分母变为 1，如果空间 $Y$ 的数据分布可以很好地拟合数据在空间 $X$ 的分布，那么两者的条件概率应该是一样的，即 $p_{j|i}$ 和 $q_{j|i}$ 是相等的。基于这一点，SNE 算法就是想找到这样一个低维空间 $Y$，使得数据集在两个空间的条件概率尽可能接近，可以用 KL 散度，Kullback-Leibler divergence 来衡量：

$$C = \sum_i \mathrm{KL}(P_i \parallel Q_i) = \sum_i \sum_j p_{j|i} \log \frac{p_{j|i}}{q_{j|i}}$$

$P_i$ 表示数据集 $X$ 中所有其他数据点相对 $x_i$ 的条件概率，$Q_i$ 表示数据集 $Y$ 中所有其他数据点相对 $y_i$ 的条件概率。从上面的表达式可以看出，SNE 算法侧重于保持数据的局部结构。为了设置 $\sigma_i$，可以定义一个复杂度 Perp：

$$\mathrm{Perp}(P_i) = 2^{H(P_i)}$$

$H^{(P_i)}$ 是信息熵

$$H^{(P_i)} = -\sum_j p_{j|i} \log_2 p_{j|i}$$

利用梯度下降算法，可以得到如下的表达式：

$$\frac{\partial C}{\partial y_i} = 2 \sum_j (p_{j|i} - q_{j|i} + p_{i|j} - q_{i|j})(y_i - y_j)$$

为了加速收敛以及增加鲁棒性，可以引入动量项（Momentum Term）：

$$y^{(t)} = y^{(t-1)} + \eta \frac{\partial C}{\partial y} + \alpha(t)(y^{(t-1)} - y^{(t-2)})$$

## 8.3.2  随机近邻嵌入案例——手写数字图像降维

本案例中使用 sklearn 模块自带的手写数字图像数据集，该数据集是 MNIST 的子集，包含 1797 张分辨率为 8×8 的手写数字图像,内容为从 0 到 9 共十类数字。本案例采用十二种包括随机近邻嵌入的不同的算法,对数据集中的 0~5 共六类的部分字符,进行投影降维到二维空间的操作。可视化结果显示,相对于其他算法,随机近邻嵌入方式在最大化类间差距和最小化类内差距方面优势明显。

```python
1.   # coding = utf - 8
2.   from time import time                    # 用于计算运行时间
3.   import matplotlib.pyplot as plt
4.   import numpy as np
5.   from matplotlib import offsetbox    # 定义图形 box 的格式
6.   from sklearn import (manifold, datasets, decomposition, ensemble,
7.                        discriminant_analysis, random_projection)
8.   digits = datasets.load_digits(n_class = 6)
9.   print(digits)
10.  # 获取 bunch 中的 data, target
11.  print(digits.data)
12.  print(digits.target)
13.  data = datasets.load_digits(n_class = 6)
14.  print(data)
15.  # plt.gray()
16.  fig, axes = plt.subplots(nrows = 1, ncols = 6, figsize = (8, 8))
17.  for i, ax in zip(range(6), axes.flatten()):
18.      ax.imshow(digits.images[i], cmap = plt.cm.gray_r)
19.  plt.show()
20.  digits = datasets.load_digits(n_class = 6)
21.  X = digits.data
22.  y = digits.target
23.  n_samples, n_features = X.shape
24.  n_neighbors = 30
25.  n_img_per_row = 30                       # 每行显示 30 张图像
26.  # 整个图形大小为 300×300, 由于一张图像为 8×8, 所以每张图像周围包了一层白框, 防止
     # 图像之间互相影响
27.  img = np.zeros((10 * n_img_per_row, 10 * n_img_per_row))
28.  for i in range(n_img_per_row):
29.      ix = 10 * i + 1
30.      for j in range(n_img_per_row):
31.          iy = 10 * j + 1
32.          img[ix:ix + 8, iy:iy + 8] = X[i * n_img_per_row + j].reshape((8, 8))
33.  plt.figure(figsize = (6, 6))
34.  plt.imshow(img, cmap = plt.cm.binary)
35.  plt.xticks([])
36.  plt.yticks([])
37.  plt.title('A selection from the 64 - dimensional digits dataset')
38.  plt.show()
39.  # 首先定义函数画出二维空间中的样本点, 输入参数: 1.降维后的数据; 2.图像标题
40.  def plot_embedding(X, title = None):
41.      x_min, x_max = np.min(X, 0), np.max(X, 0)
42.      X = (X - x_min) / (x_max - x_min)    # 对每一个维度进行 0 - 1 归一化, 此时 X 只有
                                              # 两个维度
```

```
43.        plt.figure(figsize = (6, 6))        # 设置整个图形大小
44.        ax = plt.subplot(111)
45.        colors = ['#5dbe80', '#2d9ed8', '#a290c4', '#efab40', '#eb4e4f', '#929591']
46.        # 画出样本点
47.        for i in range(X.shape[0]):        # 每一行代表一个样本
48.            plt.text(X[i, 0], X[i, 1], str(digits.target[i]),
49.                        # color = plt.cm.Set1(y[i] / 10.),
50.                        color = colors[y[i]],
51.                        fontdict = {'weight': 'bold', 'size': 9})        # 在样本点所在位置画出样本
                                                                            # 点的数字标签
52.        # 在样本点上画出缩略图,并保证缩略图够稀疏不至于相互覆盖
53.        # 只有 matplotlib 1.0 版本以上,offsetbox 才有 'AnnotationBbox',所以需要先判断是
           # 否有这个功能
54.        if hasattr(offsetbox, 'AnnotationBbox'):
55.            shown_images = np.array([[1., 1.]])        # 假设最开始出现的缩略图在(1,1)位置上
56.            for i in range(digits.data.shape[0]):
57.                dist = np.sum((X[i] - shown_images) ** 2, 1)        # 算出样本点与所有展示过
                                                                        # 的图像(shown_images)的
                                                                        # 距离
58.                if np.min(dist) < 4e-3:        # 若最小的距离小于 4e-3,即存在有两个样本点靠
                                                  # 得很近的情况,则通过 continue 跳过展示该数字
                                                  # 图像缩略图
59.                    continue
60.                shown_images = np.r_[shown_images, [X[i]]]        # 展示缩略图的样本点通过纵向
                                                                      # 拼接加入到 shown_images 矩阵中
61.                imagebox = offsetbox.AnnotationBbox(
62.                    offsetbox.OffsetImage(digits.images[i], cmap = plt.cm.gray_r),
63.                    X[i])
64.                ax.add_artist(imagebox)
65.        plt.xticks([]), plt.yticks([])        # 不显示横纵坐标刻度
66.        if title is not None:
67.            plt.title(title)
68.        plt.show()
69.    t0 = time()
70.    rp = random_projection.SparseRandomProjection(n_components = 2, random_state = 66)
71.    X_projected = rp.fit_transform(X)
72.    plot_embedding(X_projected, "Random Projection of the digits (time %.2fs)" % (time() -
       t0))
73.    t0 = time()
74.    pca = decomposition.PCA(n_components = 2)
75.    X_pca = pca.fit_transform(X)
76.    plot_embedding(X_pca, "Principal Components projection of the digits (time %.2fs)" %
       (time() - t0))
77.    X2 = X.copy()
78.    X2.flat[::X.shape[1] + 1] += 0.01        # 使得 X 可逆
79.    t0 = time()
80.    lda = discriminant_analysis.LinearDiscriminantAnalysis(n_components = 2)
81.    X_lda = lda.fit_transform(X2, y)
82.    plot_embedding(X_lda, "Linear Discriminant projection of the digits (time %.2fs)" %
       (time() - t0))
```

```
83.  clf = manifold.MDS(n_components = 2, n_init = 1, max_iter = 100)
84.  t0 = time()
85.  X_mds = clf.fit_transform(X)
86.  plot_embedding(X_mds, "MDS embedding of the digits (time %.2fs)" % (time() - t0))
87.  t0 = time()
88.  iso = manifold.Isomap(n_neighbors, n_components = 2)
89.  X_iso = iso.fit_transform(X)
90.  plot_embedding(X_iso, "Isomap projection of the digits (time %.2fs)" % (time() - t0))
91.  clf = manifold.LocallyLinearEmbedding(n_neighbors, n_components = 2, method = 'standard')
92.  t0 = time()
93.  X_lle = clf.fit_transform(X)
94.  plot_embedding(X_lle, "Locally Linear Embedding of the digits (time %.2fs)" % (time() - t0))
95.  clf = manifold.LocallyLinearEmbedding(n_neighbors, n_components = 2, method = 'modified')
96.  t0 = time()
97.  X_mlle = clf.fit_transform(X)
98.  plot_embedding(X_mlle, "Modified Locally Linear Embedding of the digits (time %.2fs)"
     % (time() - t0))
99.  clf = manifold.LocallyLinearEmbedding(n_neighbors, n_components = 2, method = 'hessian')
100. t0 = time()
101. X_hlle = clf.fit_transform(X)
102. plot_embedding(X_hlle, "Hessian Locally Linear Embedding of the digits (time %.2fs)" %
     (time() - t0))
103. clf = manifold.LocallyLinearEmbedding(n_neighbors, n_components = 2, method = 'ltsa')
104. t0 = time()
105. X_ltsa = clf.fit_transform(X)
106. plot_embedding(X_ltsa, "Local Tangent Space Alignment of the digits (time %.2fs)" %
     (time() - t0))
107. tsne = manifold.TSNE(n_components = 2, init = 'pca', random_state = 10)  # 生成 tsne 实例
108.
109. t0 = time()                               # 执行降维之前的时刻
110. X_tsne = tsne.fit_transform(X)            # 降维得到二维空间中的数据
111. plot_embedding(X_tsne, "t - SNE embedding of the digits (time %.2fs)" % (time() - t0))
                                                # 画出降维后的嵌入图形
112. plt.show()
113.
114. hasher = ensemble.RandomTreesEmbedding(n_estimators = 200, random_state = 0, max_depth = 5)
115. t0 = time()
116. X_transformed = hasher.fit_transform(X)
117. pca = decomposition.TruncatedSVD(n_components = 2)
118. X_reduced = pca.fit_transform(X_transformed)
119. plot_embedding(X_reduced, "Random forest embedding of the digits (time %.2fs)" %
     (time() - t0))
120.
121. embedder = manifold.SpectralEmbedding(n_components = 2, random_state = 0, eigen_solver =
     "arpack")
122. t0 = time()
123. X_se = embedder.fit_transform(X)
124. plot_embedding(X_se, "Spectral embedding of the digits (time %.2fs)" % (time() - t0))
```

如图 8.4 和图 8.5 所示,数据集中的图像大小都为 8×8。相同类型的图像在形状上呈现出较强的相似性,不同类型的图像在形状上呈现出较弱的相似性。这样,投影降维算法就有可能在投影过程中将不同类型的图像分开,而将相同类型的图像放置在一起。

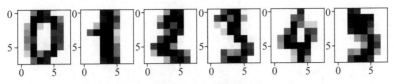

图 8.4　数据集中的六类数据实例

A selection from the 64-dimensional digits dataset

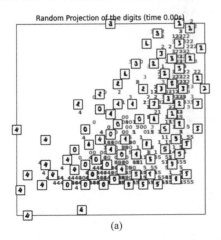

图 8.5　六类数据样本的整体变化趋势

如图 8.6 所示,图(a)～图(l)分别表示对手写数字数据集采用各种方法进行投影降维的结果,这些方法依次为随机投影法、主成分投影法、线性判别投影法、MDS 嵌入法、等度量映射投影法、局部线性嵌入法、改进局部线性嵌入法、海森局部线性嵌入法、局部切线空间对齐法、随机近邻嵌入法、随机森林嵌入法和谱嵌入法。从图中可以看出,图(a)～图(f)以及图(k)的投影效果在分布上较均匀,而图(g)～图(i)以及图(l)的分布较失衡,集中在几条线上。对比起来,只有随机近邻嵌入法图(j)兼具了分布均匀和易于分类的特点,其原因在于随机近邻嵌入在实现过程中充分考虑了数据点之间的相似性和空间之间的散度。

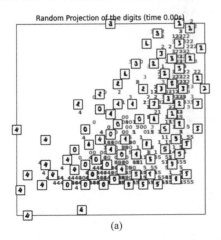
(a)

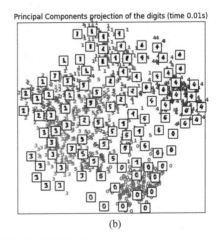
(b)

彩图 8.6

图 8.6　12 种不同的降维方法的结果对比

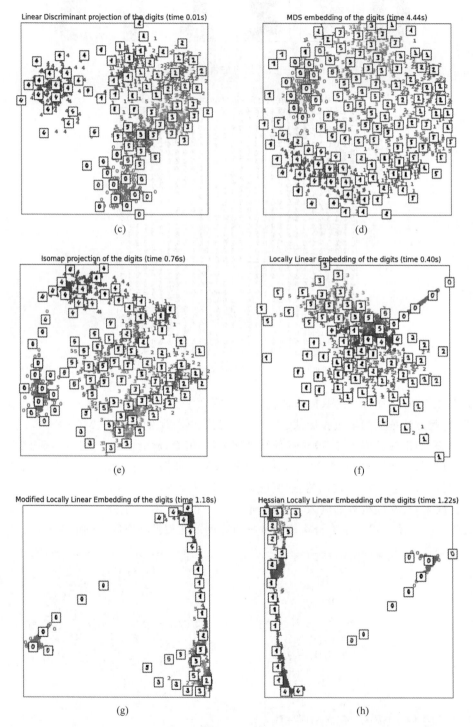

图 8.6 （续）

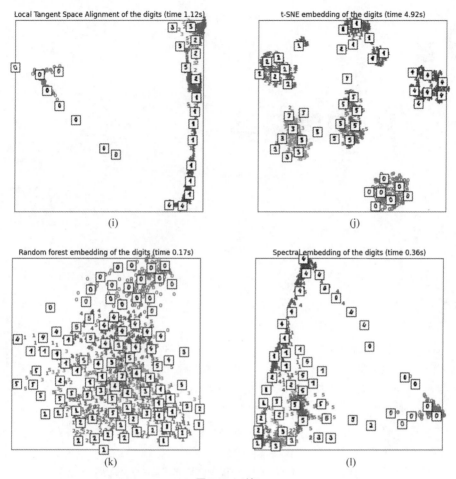

图 8.6  （续）

# 🔑 8.4　知识扩展

在实际应用中，PCA 是不错的降维选择，目前，PCA 也经常与其他算法相结合使用，比如 PCA-Kmeans、Bayesian PCA 等，最新一些研究成果将 PCA 融入深度学习中，若感兴趣可查看相关文献。

# 🔑 8.5　习题

1. 简述 PCA 和 LDA 的相同点和不同点。
2. 简述 PCA 降维和重构的算法流程。
3. 试列举 5 种常用的数据降维方法。
4. 试述随机近邻嵌入的算法流程，分析其与 PCA 的不同之处。
5. 试述随机近邻嵌入算法的优缺点及适用场合。

# 第 9 章

# K-均值聚类

CHAPTER 9

**本章学习目标**

- 认知类目标：熟悉 K-均值聚类的基本思想。
- 价值类目标：理解 K-均值聚类算法的基本原理及流程。
- 方法类目标：会运用 K-均值聚类算法解决实际问题。
- 情感、态度、价值观类目标：理解 K-均值聚类算法原理，了解最新发展状况，能灵活运用其研究和解决实际问题，培养学生运用新的方法解决实际问题的能力，激发学生深入探究自然科学的兴趣，增强新知识的求知欲望。

本章主要介绍 K-均值聚类基本原理及流程、K-均值聚类案例以及 K-均值聚类的变化。

# 🔑 9.1　K-均值聚类基本思想

　　K-均值聚类(K-means)是基于样本集合划分的聚类算法。K-均值聚类就是将样本集合划分为 $k$ 个子集,构成 $k$ 个类,将 $n$ 个样本分到 $k$ 个类中;每个样本到其所属类的中心距离最小,每个样本仅属于一个类,这就是 K-均值聚类。同时根据一个样本仅属于一个类,也表示了 K-均值聚类是一种硬聚类算法。K-均值聚类的策略为通过寻找函数最小值,从而选取最优的划分,损失函数为样本与其所属类的中心之间的距离的总和。$n$ 个样本分到 $k$ 个类中有很多分法,K-均值聚类的最优解求解过程是 NP 难问题,因而通过采用迭代的方法求解。每次迭代包括两个步骤,首先选择 $k$ 个类的中心,将样本逐个指派到与其最近的中心的类中,得到一个聚类结果;然后更新每个类的样本的均值,作为类的新中心;重复上述步骤,直至收敛为止。聚类结果尽可能满足"簇内相似度"高且"簇间相似度"低。

　　在使用 K-均值聚类算法时需注意如下:

　　(1) 总体特点:基于划分的聚类方法;类别数 $k$ 事先给定;以欧氏距离二次方表示样本之间的距离;以中心或样本的均值表示类别;以样本和其所属类的中心之间的距离的总和为最优化的目标函数;得到的类别是平坦的、非层次化的;算法是迭代算法,不能保证得到全局最优。

　　(2) 收敛性:K-均值聚类属于启发式方法,不能保证收敛到全局最优,初始中心的选择会直接影响聚类结果。

　　(3) 初始类的选择:选择不同的初始中心,会得到不同的聚类结果。

　　(4) 类别数 $k$ 的选择:$k$ 需要预先给定;找最优的 $k$ 时,先尝试用不同的 $k$ 值聚类,检验各自得到聚类结果的质量,推测最优的 $k$ 值;聚类结果的质量可以用类平均直径来衡量;一般地,类别数变小时平均直径会增加,类别数变大超过某个值以后平均直径会不变,而这个值正是最优的 $k$ 值(采用二分法查找)。

　　K-均值聚类算法的主要优点体现在:

　　(1) 原理比较简单,实现也是很容易,收敛速度快。

　　(2) 聚类效果较优。

　　(3) 算法的可解释度比较强。

　　(4) 主要需要调参的参数仅仅是簇数 $k$。

　　K-均值聚类算法的主要缺点体现在:

　　(1) $k$ 值的选取不好把握。

　　(2) 采用迭代方法,得到的结果只是局部最优。

　　(3) 对噪声和异常点敏感。

　　(4) 初始聚类中心的选择。

　　(5) 如果各隐含类别的数据不平衡,比如各隐含类别的数据量严重失衡,或者各隐含类别的方差不同,则聚类效果不佳。

　　(6) 对于不是凸的数据集比较难收敛。

## 9.2　K-均值聚类算法流程

假设输入 $n$ 个样本集合，输出此样本集合的 $k$ 类聚类结果。算法流程如下：

(1) 初始化。随机选择 $k$ 个样本作为初始聚类的中心。

(2) 对样本进行聚类。针对初始化时选择的聚类中心，计算所有样本到每个中心的距离，默认欧氏距离（当然也可以是其他距离），将每个样本聚集到与其最近的中心的类中，构成聚类结果。

(3) 计算聚类后的类中心，计算每个类的均值，作为新的类中心。

(4) 反复执行步骤(2)和(3)，直到聚类结果不再发生改变。

K-均值聚类算法的时间复杂度是 $O(nmk)$，$n$ 表示样本个数，$m$ 表示样本维数，$k$ 表示类别数。

流程图如图 9.1 所示。

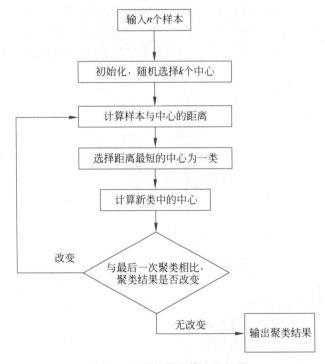

图 9.1　K-均值聚类算法流程图

## 9.3　K-均值聚类案例——图像的分割和压缩

本章主要讲解 K-均值聚类算法如何实现图像的分割和压缩。

首先，我们考虑如何运用 K-均值聚类算法分割出图像中的目标。

```
1.    import numpy as np
2.    import PIL.Image as image
3.    from sklearn.cluster import KMeans
4.    def loadDate(filePath):
5.        f = open(filePath, 'rb')                    #以二进制打开文件
6.        data = []
7.        img = image.open(f)                         #以列表形式存储图片像素值
8.        m, n = img.size                             #获得图片大小,为每像素作准备
9.        for i in range(m):
10.           for j in range(n):
11.               x, y, z = img.getpixel((i, j))
12.               #getpixel 返回指定位置的像素,如果所打开的图像是多层次的,那这个方法
                  #就返回一个元组
13.               data.append([x/256.0, y/256.0, z/256.0])    #将每像素归一化成 0-1
14.        f.close()
15.        return np.array(data), m, n                 #返回矩阵形式的 data 以及图片的大小
16.
17.   imgData, row, col = loadDate("8.png")
18.   #使用 loadData 方法处理图片
19.   label = KMeans(n_clusters = 3).fit_predict(imgData)
20.   #聚类获取每像素所属类别
21.   label = label.reshape([row, col])
22.   #创建一张灰度图保存聚类后的结果
23.   pic_new = image.new("L", (row, col))
24.   #根据所属类别向图片中添加灰度值
25.
26.   for i in range(row):
27.       for j in range(col):
28.           pic_new.putpixel((i, j), int(256/(label[i][j] + 1)))
29.   pic_new.save("new_img.png", "PNG")              #保存处理后的图片
```

运行结果如图 9.2 所示。

(a) 原图

(b) 分割结果

彩图 9.2

图 9.2　K-均值聚类算法分割结果

下面实现 K-均值聚类算法压缩图片,代码如下。

```
1.    from skimage import io
2.    from sklearn.cluster import KMeans
```

```
3.    import numpy as np
4.
5.    image = io.imread('tiger.png')
6.    io.imshow(image)
7.    io.show()
8.
9.    rows = image.shape[0]
10.   cols = image.shape[1]
11.
12.   image = image.reshape(image.shape[0] * image.shape[1],3)
13.   kmeans = KMeans(n_clusters = 128, n_init = 10, max_iter = 200)
14.   kmeans.fit(image)
15.
16.   clusters = np.asarray(kmeans.cluster_centers_,dtype = np.uint8)
17.   labels = np.asarray(kmeans.labels_,dtype = np.uint8 )
18.   labels = labels.reshape(rows,cols);
19.
20.   np.save('codebook_tiger.npy',clusters)
21.   io.imsave('compressed_tiger.png',labels)
```

运行结果如图 9.3 所示。

彩图 9.3

(a) 原图                                    (b) 压缩结果

图 9.3　K-均值聚类算法压缩结果

图像恢复代码如下。

```
1.    from skimage import io
2.    import numpy as np
3.
4.    centers = np.load('codebook_tiger.npy')
5.    c_image = io.imread('compressed_tiger.png')
6.    image = np.zeros((c_image.shape[0],c_image.shape[1],3),dtype = np.uint8 )
7.    for i in range(c_image.shape[0]):
8.        for j in range(c_image.shape[1]):
9.             image[i,j,:] = centers[c_image[i,j],:]
10.
11.   io.imsave('reconstructed_tiger.png',image);
12.   io.imshow(image)
```

运行结果如图 9.4 所示。

彩图 9.4

(a) 原图　　　　　　　　　　　　　　(b) 解压结果

图 9.4　解压结果

## 9.4　知识扩展

　　本章主要介绍了经典的 K-均值聚类算法,到目前为止,与其相关的算法也在不断地增加,例如模糊 K-均值聚类算法、基于粒子群的 K-均值聚类算法、动态的 K-均值聚类算法、基于遗传优化 K-均值聚类算法等。另外,K-均值聚类算法不仅可用于图像分割等方面,也可以用于数据挖掘、聚类分析、数据聚类、模式识别、金融风控、数据科学、智能营销和数据运营等领域,有着广泛的应用。感兴趣的读者可以查阅相关文献。

## 9.5　习题

　　1. 解释 K-均值聚类算法原理。
　　2. 阐述 K-均值聚类算法的优缺点。
　　3. 请列举几个可运用 K-均值聚类算法解决的例子。自行运用 K-均值聚类算法解决一个应用案例。

第四部分

# 神经网络与深度学习

# 第 *10* 章

# 神 经 网 络

CHAPTER *10*

**本章学习目标**

- 认知类目标：熟悉神经网络的基本概念，多层神经网络的结构。
- 价值类目标：掌握神经网络结构、正向传播和反向传播算法。
- 方法类目标：会灵活运用神经网络结构，正向传播和反向传播算法解决问题。
- 情感、态度、价值观类目标：理解神经网络的相关原理；了解最新发展动态以及相关发展状况；能灵活运用神经网络分析、研究和解决实际问题，结合人工智能专业，深入挖掘神经网络的理论原理，为深入研究人工智能众多问题打下扎实的基础，培养学生服务于解决我国重大需求的奉献精神。

本章主要介绍神经网络基本思想；反向传播算法应用案例；最后，知识扩展部分简单介绍了 BP 算法在深度学习中的部分应用。

# 🔑 10.1 神经网络基本思想

人工神经网络(Artificial Neural Network,ANN),是 20 世纪 80 年代以来人工智能领域兴起的研究热点,它提供了一种普遍而且实用的方法从样例中学习值为实数、离散值或向量的函数。对于某些类型的问题,如学习解释复杂的现实世界中的传感器数据,人工神经网络是目前最有效的学习方法。例如:反向传播(Back Propagation,BP)算法应用于识别手写字符、学习识别人脸等。人工神经网络的研究在一定程度上受到生物学的启发,因为生物的学习系统是由相互连接的神经元组成的异常复杂的网络(如图 10.1 所示)。而人工神经网络与此大体相似,它是由一系列简单的单元相互密集连接构成的,其中每一个单元有一定数量的实值输入,并产生单一的实数值输出。人工神经网络从信息处理角度对人脑神经元结构进行抽象提取,建立某种简单模型,按不同的连接方式组成不同的网络,在工程与学术界常直接简称为神经网络或类神经网络。神经网络是一种运算模型,由大量的节点(或称神经元)之间相互连接

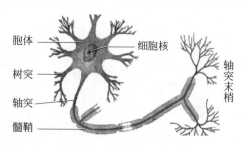

图 10.1  神经元的结构图

构成。每个节点代表一种特定的输出函数,称为激励函数(Activation Function)。每两个节点间的连接情况可以表示一个对于通过该连接信号的加权值,称之为权重,这相当于人工神经网络的记忆。网络的输出依赖于网络的连接方式、权重值和激励函数的不同而不同。而网络自身通常都是对自然界某种算法或者函数的逼近,也可能是对一种逻辑策略的表达。

人工神经网络是由大量处理单元互连组成的非线性、自适应信息处理系统。它是在现代神经科学研究成果的基础上提出的,试图通过模拟大脑神经网络处理、记忆信息的方式进行信息处理。人工神经网络具有以下四个基本特征。

> 非线性:非线性关系是自然界的普遍特性,大脑智慧是一种非线性现象。人工神经元处于激活或抑制两种不同的状态,这种行为在数学上表现为一种非线性关系。具有阈值的神经元构成的网络具有更好的性能,可以提高容错性和存储容量。

> 非局限性:一个神经网络通常由多个神经元广泛连接而成。一个系统的整体行为不仅取决于单个神经元的特征,而且可能主要由单元之间的相互作用、相互连接所决定。通过单元之间的大量连接模拟大脑的非局限性。

> 非常定性:人工神经网络具有自适应、自组织、自学习能力。神经网络不但处理的信息可以有各种变化,而且在处理信息的同时,非线性动力系统本身也在不断变化。经常采用迭代过程描写动力系统的演化过程。

> 非凸性:一个系统的演化方向,在一定条件下将取决于某个特定的状态函数。例如能量函数,它取极值时表示系统比较稳定的状态。非凸性是指这种函数有多个极值,故系统具有多个较稳定的平衡态,这将导致系统演化的多样性。

人工神经网络中,神经元处理单元可表示不同的对象,例如特征、字母、概念,或者一些有意义的抽象模式。网络中处理单元类型分为三类:输入单元、输出单元和隐藏单元。输入单元接受外部世界的信号与数据;输出单元实现系统处理结果的输出;隐藏单元是处在

输入和输出单元之间,不能由系统外部观察的单元。神经元间的连接权值反映了单元间的连接强度,信息的表示和处理体现在网络处理单元的连接关系中。

　　人工神经网络是一种非程序化、适应性、大脑风格的信息处理,其本质是通过网络的变换和动力学行为得到一种并行分布式的,并在不同程度和层次上模仿人脑神经系统的信息处理功能。它是涉及神经科学、思维科学、人工智能、计算机科学等多个领域的交叉学科。多层神经网络是由单层神经网络进行叠加之后得到的,所以就形成了层的概念,常见的多层神经网络有如下结构(如图 10.2 所示)。

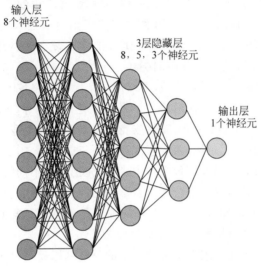

图 10.2　神经网络结构示意图

> 输入层(Input Layer),众多神经元(Neuron)接收大量非线性输入消息。输入的消息称为输入向量。

> 输出层(Output Layer),消息在神经元连接中传输、分析、权衡,形成输出结果。输出的消息称为输出向量。

> 隐藏层(Hidden Layer),又称隐含层,简称"隐层",是输入层和输出层之间众多神经元和连接组成的各个层面。隐藏层可以有一层或多层,它的节点(神经元)数目不定,但数目越多神经网络的非线性越显著,从而神经网络的鲁棒性(Robustness)更显著。

> 全连接层,当前一层和前一层每个神经元相互连接,所谓的全连接层就是在前一层的基础上进行一次 $y = Wx + b$ 的变化(不考虑激活函数)。

　　目前,常见的激活函数如下。

> Sigmoid 函数: $\sigma(x) = \dfrac{1}{1 + \mathrm{e}^{-x}}$。

> tanh 函数: $\tanh(x)$。

> ReLU 函数: $\max(0, x)$。

> Leaky ReLU 函数: $\max(0.1x, x)$。

> Maxout 函数: $\max(\boldsymbol{w}_1^{\mathrm{T}} \boldsymbol{x} + b_1, \boldsymbol{w}_2^{\mathrm{T}} \boldsymbol{x} + b_2)$。

> ELU 函数: $\begin{cases} x, & x \geqslant 0 \\ \alpha(\mathrm{e}^x - 1), & x < 0 \end{cases}$。

注：Sigmoid 只会输出正数,以及靠近的输出变化率最大；tanh 和 Sigmoid 不同的是,
tanh 输出可以是负数；ReLU 输入只能大于 0,不适合输入负数,常用于输入图片格式,因为
图片的像素值作为输入时取值为[0,255]。激活函数的作用除了可以增加模型的非线性分
割能力外,还可以提高模型鲁棒性、缓解梯度消失问题、加速模型收敛等。

人工神经网络模型主要考虑网络连接的拓扑结构、神经元的特征、学习规则等。目前,
已有近 40 种神经网络模型,其中有反传网络、感知器、自组织映射、Hopfield 网络、玻尔兹曼
机、适应谐振理论等。根据连接的拓扑结构,神经网络模型可以分类如下。

> 前向网络,网络中各个神经元接收前一级的输入,并输出到下一级,网络中没有反馈,
可以用一个有向无环路图表示。这种网络实现信号从输入空间到输出空间的变换,
它的信息处理能力来自于简单非线性函数的多次复合。网络结构简单,易于实现。
反向传播网络是一种典型的前向网络。

> 反馈网络,网络内神经元间有反馈,可以用一个无向的完备图表示。这种神经网络的
信息处理是状态的变换,可以用动力学系统理论处理。系统的稳定性与联想记忆功
能有密切关系。Hopfield 网络、玻尔兹曼机均属于这种类型。

人工神经网络的特点和优越性,主要表现在以下三方面。

第一,具有自学习功能。例如实现图像识别时,先把许多不同的图像样板和对应的应识
别的结果输入人工神经网络,网络就会通过自学习功能,慢慢学会识别类似的图像。自学习
功能对于预测有特别重要的意义。预期未来的人工神经网络计算机将为人类提供经济预
测、市场预测、效益预测,其应用前途是很远大的。

第二,具有联想存储功能。用人工神经网络的反馈网络就可以实现这种联想。

第三,具有高速寻找优化解的能力。寻找一个复杂问题的优化解,往往需要很大的计算
量,利用一个针对某问题而设计的反馈型人工神经网络,发挥计算机的高速运算能力,可能
很快找到优化解。

经过几十年的发展,神经网络理论在模式识别、自动控制、信号处理、辅助决策、人工智
能、经济领域、控制领域以及心理学领域等众多研究领域取得了广泛的成功。本章主要介绍
反向传播(BP)算法应用案例。

# 🔑 10.2　反向传播算法

## 10.2.1　反向传播算法原理

反向传播算法,简称 BP 算法,是由 Hinton 和 Williams 于 1986 年提出的,它适合于多
层神经元网络的一种学习算法,建立在梯度下降法的基础上。BP 网络的输入输出关系实质
上是一种映射关系,即一个 $n$ 输入 $m$ 输出的 BP 神经网络所完成的功能是从 $n$ 维欧氏空间
向 $m$ 维欧氏空间中一有限域的连续映射。这一映射具有高度非线性,单层网络的数学表达
形式可以为：

$$y = J(Wx + b)$$

其中,$W$ 表示权重(Weight),$b$ 为偏差(Bias)。它的信息处理能力来源于简单非线性函数的
多次复合,因此具有很强的函数复现能力,这也是 BP 算法得以应用的基础。通常每次迭代

中的传播环节包含两步：第一步，前向传播阶段，将训练输入送入网络以获得激励响应；第二步，反向传播阶段，将激励响应同训练输入对应的目标输出求差，从而获得隐藏层和输出层的响应误差。对于反向传播过程中的权重，可按照以下方式进行更新：首先，将输入激励和响应误差相乘，从而获得权重的梯度；其次，将这个梯度乘上一个比例并取反后加到权重上。注意，这个比例将会影响训练过程的速度和效果，因此称为"训练因子"。梯度的方向指明了误差扩大的方向，因此在更新权重的时候需要对其取反，从而减小权重引起的误差。此权重更新方法就是常说的梯度下降法，如图 10.3 所示。

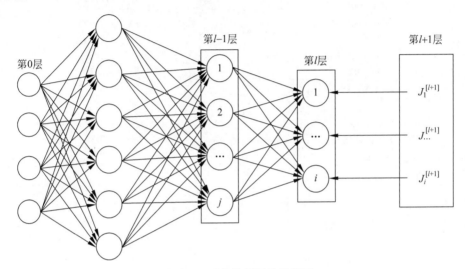

图 10.3　反向传播网络示意图

权重（Weight）和偏差（Bias）更新：

$$\nabla J_1^{[l+1]} = \left( \frac{\partial J_1^{[l+1]}}{\partial W_1^{[l]}}, \frac{\partial J_1^{[l+1]}}{\partial b_1^{[l]}} \right), \quad \cdots, \quad \nabla J_i^{[l+1]} = \left( \frac{\partial J_i^{[l+1]}}{\partial W_i^{[l]}}, \frac{\partial J_i^{[l+1]}}{\partial b_i^{[l]}} \right)$$

$$W_1^{[l]} = W_1^{[l]} - \eta \cdot \frac{\partial J_1^{[l+1]}}{\partial W_1^{[l]}}, \quad b_1^{[l]} = b_1^{[l]} - \eta \cdot \frac{\partial J_1^{[l+1]}}{\partial b_1^{[l]}}, \quad \cdots,$$

$$W_i^{[l]} = W_i^{[l]} - \eta \cdot \frac{\partial J_i^{[l+1]}}{\partial W_i^{[l]}}, \quad b_i^{[l]} = b_i^{[l]} - \eta \cdot \frac{\partial J_i^{[l+1]}}{\partial b_i^{[l]}}$$

注：BP 算法计算过程中会反复应用链式求导法则。

## 10.2.2　反向传播算法案例——手写数字图像预测

本节主要介绍反向传播算法实现手写数字图像预测。

```
1.    import numpy as np
2.    from scipy import io as spio
3.    from matplotlib import pyplot as plt
4.    from scipy import optimize
5.    from matplotlib.font_manager import FontProperties
```

```
6.     font = FontProperties(fname = r"c:\windows\fonts\simsun.ttc", size = 14)
                                            #解决 Windows 环境下画图的中文乱码问题
7.     from sklearn import datasets
8.     from sklearn.preprocessing import StandardScaler
9.     import time
10.
11.    def neuralNetwork(input_layer_size, hidden_layer_size, out_put_layer):
12.        data_img = loadmat_data("data_digits.mat")
13.        X = data_img['X']
14.        y = data_img['y']
15.
16.        '''scaler = StandardScaler()
17.        scaler.fit(X)
18.        X = scaler.transform(X)'''□
19.
20.        m,n = X.shape
21.        """digits = datasets.load_digits()
22.        X = digits.data
23.        y = digits.target
24.        m,n = X.shape
25.
26.        scaler = StandardScaler()
27.        scaler.fit(X)
28.        X = scaler.transform(X)"""
29.
30.        rand_indices = [t for t in [np.random.randint(x - x, m) for x in range(100)]]
                                            # 生成 100 个 0 - m 的随机数
31.        display_data(X[rand_indices, :])        # 显示 100 个数字
32.
33.        Lambda = 1
34.
35.        initial_Theta1 = randInitializeWeights(input_layer_size, hidden_layer_size);
36.        initial_Theta2 = randInitializeWeights(hidden_layer_size, out_put_layer)
37.
38.        initial_nn_params = np.vstack((initial_Theta1.reshape( - 1, 1), initial_Theta2.
           reshape( - 1, 1)))        #展开权重矩阵
39.
40.        start = time.time()
41.        result = optimize.fmin_cg(nnCostFunction, initial_nn_params, fprime = nnGradient,
           args = (input_layer_size, hidden_layer_size, out_put_layer, X, y, Lambda), maxiter = 100)
42.        print (u'执行时间: ', time.time() - start)
43.        print (result)
44.        #可视化权重矩阵
45.        length = result.shape[0]
46.        Theta1 = result[0:hidden_layer_size * (input_layer_size + 1)].reshape(hidden_layer_
           size, input_layer_size + 1)
47.        Theta2 = result[hidden_layer_size * (input_layer_size + 1):length].reshape(out_put_
           layer, hidden_layer_size + 1)
```

```
48.        display_data(Theta1[:,1:length])
49.        display_data(Theta2[:,1:length])
50.        #预测
51.        p = predict(Theta1,Theta2,X)
52.        print (u"预测准确度为: %f%%"% np.mean(np.float64(p == y.reshape(-1,1))*100))
53.        res = np.hstack((p,y.reshape(-1,1)))
54.        np.savetxt("predict.csv", res, delimiter=',')
55.
56.
57.    def loadmat_data(fileName):
58.        return spio.loadmat(fileName)
59.
60.    def display_data(imgData):
61.        sum = 0
62.        m,n = imgData.shape
63.        width = np.int32(np.round(np.sqrt(n)))
64.        height = np.int32(n/width);
65.        rows_count = np.int32(np.floor(np.sqrt(m)))
66.        cols_count = np.int32(np.ceil(m/rows_count))
67.        pad = 1
68.        display_array = np.ones((pad+rows_count*(height+pad),pad+cols_count*(width+
           pad)))
69.        for i in range(rows_count):
70.            for j in range(cols_count):
71.                if sum >= m:
72.                    break;
73.                display_array[pad+i*(height+pad):pad+i*(height+pad)+height,pad+
                   j*(width+pad):pad+j*(width+pad)+width] = imgData[sum,:].reshape
                   (height,width,order="F")
74.                sum += 1
75.            if sum >= m:                          #超过了行数,退出当前循环
76.                break;
77.
78.        plt.imshow(display_array,cmap='gray')     #显示灰度图像
79.        plt.axis('off')
80.        plt.show()
81.
82.    # 代价函数
83.    Def nCostFunction(nn_params, input_layer_size, hidden_layer_size, num_labels, X, y,
       Lambda):
84.        length = nn_params.shape[0]
85.        Theta1 = nn_params[0:hidden_layer_size*(input_layer_size+1)].reshape(hidden_
           layer_size,input_layer_size+1)
86.        Theta2 = nn_params[hidden_layer_size*(input_layer_size+1):length].reshape(num_
           labels,hidden_layer_size+1)
87.
88.        m = X.shape[0]
```

```
89.        class_y = np.zeros((m,num_labels))
90.        for i in range(num_labels):
91.            class_y[:,i] = np.int32(y == i).reshape(1, -1)
92.
93.        Theta1_colCount = Theta1.shape[1]
94.        Theta1_x = Theta1[:,1:Theta1_colCount]
95.        Theta2_colCount = Theta2.shape[1]
96.        Theta2_x = Theta2[:,1:Theta2_colCount]
97.        # 正则化
98.        term = np.dot(np.transpose(np.vstack((Theta1_x.reshape(-1,1),Theta2_x.reshape
           (-1,1)))),np.vstack((Theta1_x.reshape(-1,1),Theta2_x.reshape(-1,1))))
99.
100.       # 正向传播,每次需要补上一列 1 的偏置 bias
101.       a1 = np.hstack((np.ones((m,1)),X))
102.       z2 = np.dot(a1,np.transpose(Theta1))
103.       a2 = sigmoid(z2)
104.       a2 = np.hstack((np.ones((m,1)),a2))
105.       z3 = np.dot(a2,np.transpose(Theta2))
106.       h = sigmoid(z3)
107.       # 代价
108.       J = - (np.dot(np.transpose(class_y.reshape(-1,1)),np.log(h.reshape(-1,1))) +
           np.dot(np.transpose(1 - class_y.reshape(-1,1)),np.log(1 - h.reshape(-1,1))) -
           Lambda * term/2)/m
109.       # temp1 = (h.reshape(-1,1) - class_y.reshape(-1,1))
110.       # temp2 = (temp1 ** 2).sum()
111.       # J = 1/(2 * m) * temp2
112.       return np.ravel(J)
113.
114.   # 梯度
115.   Def nnGradient(nn_params,input_layer_size,hidden_layer_size,num_labels,X,y, Lambda):
116.       length = nn_params.shape[0]
117.       Theta1 = nn_params[0:hidden_layer_size * (input_layer_size + 1)].reshape(hidden_
           layer_size,input_layer_size + 1).copy()
118.       Theta2 = nn_params[hidden_layer_size * (input_layer_size + 1):length].reshape(num_
           labels,hidden_layer_size + 1).copy()
119.       m = X.shape[0]
120.       class_y = np.zeros((m,num_labels))
121.
122.       for i in range(num_labels):
123.           class_y[:,i] = np.int32(y == i).reshape(1, -1)
124.       Theta1_colCount = Theta1.shape[1]
125.       Theta1_x = Theta1[:,1:Theta1_colCount]
126.       Theta2_colCount = Theta2.shape[1]
127.       Theta2_x = Theta2[:,1:Theta2_colCount]
128.
129.       Theta1_grad = np.zeros((Theta1.shape))        # 第一层到第二层的权重
130.       Theta2_grad = np.zeros((Theta2.shape))        # 第二层到第三层的权重
```

```
131.
132.
133.        # 正向传播,每次需要补上一列 1 的偏置 bias
134.        a1 = np.hstack((np.ones((m,1)),X))
135.        z2 = np.dot(a1,np.transpose(Theta1))
136.        a2 = sigmoid(z2)
137.        a2 = np.hstack((np.ones((m,1)),a2))
138.        z3 = np.dot(a2,np.transpose(Theta2))
139.        h = sigmoid(z3)
140.
141.
142.        '''反向传播,delta 为误差,'''
143.        delta3 = np.zeros((m,num_labels))
144.        delta2 = np.zeros((m,hidden_layer_size))
145.        for i in range(m):
146.            # delta3[i,:] = (h[i,:]-class_y[i,:]) * sigmoidGradient(z3[i,:])
                                                            # 均方误差的误差率
147.            delta3[i,:] = h[i,:]-class_y[i,:]           # 交叉熵误差率
148.            Theta2_grad = Theta2_grad+np.dot(np.transpose(delta3[i,:].reshape(1,-1)),
                a2[i,:].reshape(1,-1))
149.            delta2[i,:] = np.dot(delta3[i,:].reshape(1,-1),Theta2_x) * sigmoidGradient
                (z2[i,:])
150.            Theta1_grad = Theta1_grad+np.dot(np.transpose(delta2[i,:].reshape(1,-1)),
                a1[i,:].reshape(1,-1))
151.
152.        Theta1[:,0] = 0
153.        Theta2[:,0] = 0
154.        '''梯度'''
155.        grad = (np.vstack((Theta1_grad.reshape(-1,1),Theta2_grad.reshape(-1,1)))+
                Lambda * np.vstack((Theta1.reshape(-1,1),Theta2.reshape(-1,1))))/m
156.        return np.ravel(grad)
157.
158.    # S 型函数
159.    def sigmoid(z):
160.        h = np.zeros((len(z),1))                        # 初始化,与 z 的长度一致
161.
162.        h = 1.0/(1.0+np.exp(-z))
163.        return h
164.
165.    # S 型函数导数
166.    def sigmoidGradient(z):
167.        g = sigmoid(z) * (1-sigmoid(z))
168.        return g
169.
170.    # 随机初始化权重 theta
171.    def randInitializeWeights(L_in,L_out):
172.        W = np.zeros((L_out,1+L_in))                    # 对应 theta 的权重
```

```
173.      epsilon_init = (6.0/(L_out + L_in)) ** 0.5
174.      W = np.random.rand(L_out, 1 + L_in) * 2 * epsilon_init - epsilon_init
                    # np.random.rand(L_out, 1 + L_in)产生 L_out * (1 + L_in)大小的随机矩阵
175.      return W
176.
177.  # 检验梯度是否计算正确
178.  def checkGradient(Lambda = 0):
179.      '''构造一个小型的神经网络验证,因为数值法计算梯度很浪费时间,而且验证正确后之后
          就不再需要验证了'''
180.      input_layer_size = 3
181.      hidden_layer_size = 5
182.      num_labels = 3
183.      m = 5
184.      initial_Theta1 = debugInitializeWeights(input_layer_size, hidden_layer_size);
185.      initial_Theta2 = debugInitializeWeights(hidden_layer_size, num_labels)
186.      X = debugInitializeWeights(input_layer_size - 1, m)
187.      y = np.transpose(np.mod(np.arange(1, m + 1), num_labels))    # 初始化 y
188.
189.      y = y.reshape(-1, 1)
190.      nn_params = np.vstack((initial_Theta1.reshape(-1, 1), initial_Theta2.reshape(-1,
          1)))  # 展开 theta
191.      '''BP 求出梯度'''
192.      grad = nnGradient(nn_params, input_layer_size, hidden_layer_size,
193.                        num_labels, X, y, Lambda)
194.      '''使用数值法计算梯度'''
195.      num_grad = np.zeros((nn_params.shape[0]))
196.      step = np.zeros((nn_params.shape[0]))
197.      e = 1e-4
198.      for i in range(nn_params.shape[0]):
199.          step[i] = e
200.          loss1 = nnCostFunction(nn_params - step.reshape(-1, 1), input_layer_size,
              hidden_layer_size, num_labels, X, y, Lambda)
201.          loss2 = nnCostFunction(nn_params + step.reshape(-1, 1), input_layer_size,
              hidden_layer_size, num_labels, X, y, Lambda)
202.          num_grad[i] = (loss2 - loss1)/(2 * e)
203.          step[i] = 0
204.      # 显示两列比较
205.      res = np.hstack((num_grad.reshape(-1, 1), grad.reshape(-1, 1)))
206.      print("检查梯度的结果,第一列为数值法计算得到的,第二列为 BP 得到的:")
207.      print(res)
208.
209.  # 初始化调试的 theta 权重
210.  def debugInitializeWeights(fan_in, fan_out):
211.      W = np.zeros((fan_out, fan_in + 1))
212.      x = np.arange(1, fan_out * (fan_in + 1) + 1)
213.      W = np.sin(x).reshape(W.shape)/10
214.      return W
```

```
215.
216.  # 预测
217.  def predict(Theta1,Theta2,X):
218.      m = X.shape[0]
219.      num_labels = Theta2.shape[0]
220.
221.      p = np.array(np.where(h2[0,:] == np.max(h2, axis = 1)[0]))
222.      for i in np.arange(1, m):
223.          t = np.array(np.where(h2[i,:] == np.max(h2, axis = 1)[i]))
224.          p = np.vstack((p,t))
225.      return p
226.
227.  if __name__ == "__main__":
228.      checkGradient()
229.      neuralNetwork(400, 25, 10)
```

运行结果如图 10.4～图 10.6 所示。

图 10.4  随机显示 100 张手写数字

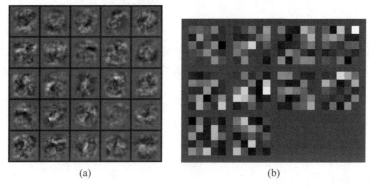

(a)                              (b)

图 10.5  两个权重矩阵图

```
检查梯度的结果，第一列为数值法计算得到的，第二列为BP得到的:
[[ 1.23162247e-02  1.23162247e-02]
 [ 1.73828185e-04  1.73828184e-04]
 [ 2.61455144e-04  2.61455144e-04]
 [ 1.08701450e-04  1.08701450e-04]
 [ 3.92471368e-03  3.92471369e-03]
 [ 1.90101250e-04  1.90101252e-04]
 [ 2.22272329e-04  2.22272331e-04]
 [ 5.00872543e-05  5.00872547e-05]
 [-8.08459407e-03 -8.08459407e-03]
 [ 3.13170601e-05  3.13170587e-05]
 [-2.17840346e-05 -2.17840341e-05]
 [-5.48569856e-05 -5.48569864e-05]
 [-1.26669105e-02 -1.26669105e-02]
 [-1.56130211e-04 -1.56130210e-04]
 [-2.45506164e-04 -2.45506163e-04]
 [-1.09164882e-04 -1.09164881e-04]
 [-5.59342546e-03 -5.59342547e-03]
 [-2.00036570e-04 -2.00036572e-04]
 [-2.43630220e-04 -2.43630220e-04]
 [-6.32313690e-05 -6.32313673e-05]
 [ 3.09347722e-01  3.09347722e-01]
 [ 1.61067138e-01  1.61067138e-01]
 [ 1.47036522e-01  1.47036522e-01]
 [ 1.58268577e-01  1.58268577e-01]
 [ 1.57616707e-01  1.57616707e-01]
 [ 1.47236360e-01  1.47236360e-01]
 [ 1.08133003e-01  1.08133003e-01]
 [ 5.61633717e-02  5.61633717e-02]
 [ 5.19510542e-02  5.19510542e-02]
 [ 5.47353405e-02  5.47353405e-02]
 [ 5.53082757e-02  5.53082757e-02]
 [ 5.17752619e-02  5.17752619e-02]
 [ 1.06270372e-01  1.06270372e-01]
 [ 5.57611045e-02  5.57611045e-02]
 [ 5.05568118e-02  5.05568118e-02]
 [ 5.38805141e-02  5.38805141e-02]
 [ 5.47407215e-02  5.47407215e-02]
 [ 5.02929547e-02  5.02929547e-02]]
Warning: Maximum number of iterations has been exceeded.
         Current function value: 0.356087
         Iterations: 100
         Function evaluations: 232
         Gradient evaluations: 232
执行时间: 45.99620985984802
[-0.94010286 -0.03092128  0.00851531 ...  0.30472761 -0.77852642
 -2.97938101]
预测准确度为: 98.620000%
```

图 10.6　预测准确率

# 🔑 10.3　知识扩展

　　BP 算法只是神经网络中的一种更新权重和偏差算法,它可与其他网络结构结合起来使用,比如深度学习中的 LSTM 网络、RNN 等。大家感兴趣可自行查阅相关文献。

# 🔑 10.4　习题

　　1. 解释人工神经网络具有的四个基本特征。

　　2. 简述神经网络的组成结构。

　　3. 简要解释 BP 神经网络原理。

　　4. 请运用 BP 神经网络解决一个应用案例。

# 第 11 章

# 自编码器图像降噪

CHAPTER *11*

**本章学习目标**

- 认知类目标：了解几种常见的自编码网络结构特点。
- 价值类目标：掌握几种自编码网络结构原理。
- 方法类目标：会灵活运用自编码网络结构解决实际应用问题。
- 情感、态度、价值观类目标：理解自编码网络的相关原理；了解最新发展动态以及相关发展状况；能灵活运用自编码网络分析、研究和解决实际问题，结合人工智能技术，深入挖掘自编码网络的理论原理，为深入研究人工智能众多问题打下扎实的基础，培养学生服务于解决我国重大需求的奉献精神。

本章主要介绍几种自编码网络的基本思想及应用案例；知识扩展部分简单介绍卷积编码器存在的不足。

# 🔑 11.1　图像噪声的处理办法

当我们在家正观看电视剧时，突然电视画面图像出现不清楚，这种情况大家遇到过吗？其实这种情况大多数是图像中出现了噪声。怎么解决呢？咱们先来了解一下图像噪声。

任何一幅原始图像，在其获取和传输等过程中会受到各种噪声的干扰，导致图像恶化、质量下降、图像模糊、特征淹没，对后续的图像分析不利。图像噪声是指存在于图像数据中的不必要的或多余的干扰信息。图像噪声的种类很多，比如：加性噪声和乘性噪声；外部噪声和内部噪声；平稳噪声和非平稳噪声以及其他噪声等。因此，为了抑制噪声，改善图像质量，便于更高层次的处理，必须对图像进行降噪预处理。图像噪声一般具有以下几个特点。

（1）噪声在图像中的分布和大小不规则，即具有随机性。

（2）噪声与图像之间一般具有相关性，例如，摄像机的信号和噪声相关，黑暗部分噪声大，明亮部分噪声小。又如，数字图像中的量化噪声与图像相位相关，图像内容接近平坦时，量化噪声呈现伪轮廓，但图像中的随机噪声会因为颤噪效应反而使量化噪声变得不很明显。

（3）噪声具有叠加性。

以下是常见的两种图像噪声例子：高斯噪声和椒盐噪声（如图 11.1 所示）。

(a) 原始图像

(b) 高斯噪声　　　　　　　　　　　　　　(c) 椒盐噪声

图 11.1　噪声图像

当图像中出现噪声时,我们应该怎么办呢? 答案肯定是降噪。目前,降噪算法有很多,如中值滤波、维纳滤波和卷积滤波等,而且还在不断地涌现出新的技术,例如: 深度学习降噪技术、稀疏性降噪技术等。本章主要介绍卷积自动编码器图像降噪技术与稀疏自编码器图像降噪技术。

## 11.2　卷积自编码器图像降噪

### 11.2.1　卷积自编码器原理简述

自编码器是非监督学习中最典型的一类神经网络,它的目的是基于输入的无标签数据,通过训练得到降维数据的特征表征。与传统的自编码器不同,降噪自编码器(Denoising Autoencoder,DAE)在训练过程中,输入的数据有一部分是"损坏"的,其核心思想是: 一个能够从中恢复出原始信号的神经网络表达未必是最好的,能够对"损坏"的原始数据编码、解码,然后还能恢复真正的原始数据,这样的特征才是好的。它的主要改进体现在训练样本中加入随机噪声,重构的目标是不带噪声的样本数据,用降噪自编码器学习得到的模型重构出来的数据可以去除加入的噪声,从而获得没有被噪声污染过的数据。DAE 与人的感知机理类似,例如: 人眼看物体时,如果物体某一小部分被遮住了,人依然能够将其识别出来等。人在接收到多模态信息时(比如声音、图像等),缺少其中某些模态的信息有时也不会造成太大影响。

卷积自编码器技术可以用于信号降噪处理,它与传统自编码器非常类似,其主要区别在于其 encoder 和 decoder 都是卷积神经网络,encoder 使用的是卷积操作和池化操作,而 decoder 中使用的是反卷积操作和反池化操作,并且其权重是共享的。因此,重建过程是基于隐藏编码的基本块的线性组合。

下面对几种运算进行简要解释。

(1) 卷积操作: 在运算的过程中,一次只考虑一个窗口的大小,因此其具有局部视野的特点,局部性主要体现在窗口的卷积核的大小。多个卷积核可以发现不同角度的特征,多个卷积层可以捕捉更全局的特征(处于卷积网络更深的层)。目前存在的卷积有: 深度可分离卷积、组卷积、扩展卷积、转置卷积等,如图 11.2 所示。

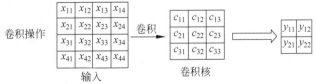

彩图 11.2

图 11.2　卷积操作

(2) 池化操作: 主要作用是降维,常见的池化有最大池化、平均池化和随机池化。池化层不需要训练参数。最大池化可以获取局部信息,可以更好保留纹理上的特征。如果不用观察物体在图片中的具体位置,只关心其是否出现,则使用最大池化效果比较好。平均池化往往能保留整体数据的特征,能突出背景的信息。随机池化中元素值大的被选中的概率也大,但不像最大池化总是取最大值。随机池化一方面最大化地保证了 Max 值的取值,另一方面又确保了不会完全是 Max 值起作用,造成过度失真。除此之外,其可以在一定程度上避免过拟合,如图 11.3 所示。

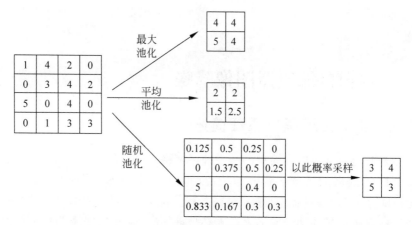

图 11.3　池化操作

(3) 反卷积操作:反卷积就是特殊的卷积,是使用 Full 模式的卷积操作,可以将输入还原,在 TensorFlow 中反卷积也是卷积操作,如图 11.4 所示。

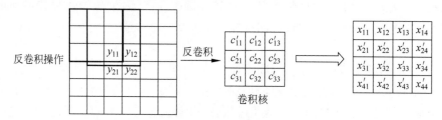

图 11.4　反卷积操作

(4) 反池化操作:池化操作中的最大池化和平均池化,对应地有反最大池化和反平均池化,如图 11.5 所示。

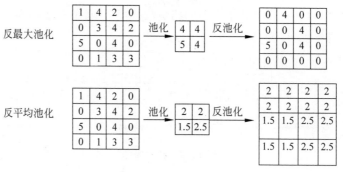

图 11.5　反池化操作

注:卷积核大小一般为奇数,原因如下。当卷积核为偶数时,假设是 Same 模式,若想使得卷积之后的维度和卷积之前的维度相同,则需要对图像进行不对称填充,较复杂。当卷积核为奇数时,有中心像素点,便于定位卷积核,如图 11.6 所示。

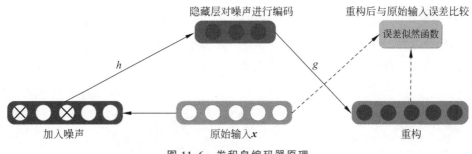

图 11.6　卷积自编码器原理

## 11.2.2　卷积自编码器降噪原理

对于每个样本向量 $x$ 选择其中的一部分分量,将其值置为 0,其他分量保持不变,得到的带噪声向量为 $\tilde{x}$,接下来将这些样本送入卷积自编码器网络进行训练,训练时的优化目标为:

$$\min \frac{1}{2l}\sum_{i=1}^{l}\| x_i - g_{\theta'}(h_\theta(\tilde{x}_i)) \|_2^2$$

其中,$\theta$ 和 $\theta'$ 为需要学习的参数。卷积自编码器基本原理是在对噪声进行编码时编码器里加入卷积操作与池化运算,在重构时解码器里加入反池化与反卷积操作。卷积自编码器降噪中运用 Dropout 训练卷积核,可以避免过拟合,产生更好地具有代表性的特征,优化后的模型能自动对输入数据进行降噪处理。

## 11.2.3　卷积自编码器降噪案例

下面以 MNIST 手写数据集(下载网址 http://yann.lecun.com/exdb/mnist/)来讲解降噪案例。MNIST 数据集是一个有名的手写数字数据集,这个数据集是由 0～9 手写数字图片和数字标签所组成的,由 60000 个训练样本和 10000 个测试样本组成,每个样本都是一张 28×28＝784 像素的灰度手写数字图片,每个标签是长度为 10 的一维数组,如图 11.7 所示。

对其中一张图像数字 3,通过可视化直观地展示手写数字的图片的原始图像和灰度图像,如图 11.8 所示。

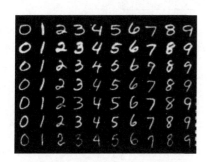

图 11.7　MNIST 数据集

(a) 原始图像

(b) 灰度图像

图 11.8　图像数字 3

自编码器的两个核心部分是编码器和解码器,它将输入数据压缩到一个潜在的空间中,然后再根据这个空间将数据进行重构得到最后的输出数据。降噪流程如下:

### 1. 加载数据

采用的数据是 MNIST 数据集,把数据集下载放在 MNIST_data 文件夹中,也可以先下载好数据集放在文件夹中。另外,本案例实现会用到 TensorFlow 1.0 模块,需要提前安装此文件。

```
1.  #导入必要的模块:
2.  import tensorflow as tf
3.  import numpy as np
4.  From tensorflow.examples.tutorials.mnist import input_data
5.  import matplotlib.pyplot as plt
6.
7.  #加载数据:
8.  mnist = input_data.read_data_sets("MNIST_data/")
9.  trX, trY, teX, teY = mnist.train.images, mnist.train.labels, mnist.test.images, mnist.test.labels
```

### 2. 网络构建

网络结构的编码器内每一个卷积层的后面都有一个最大池化层来减少维度,直到得到想要的维度。网络结构的解码器是由一个窄的数据维度转换为一个宽的数据图像。例如:这里有一个由编码器输出的 4×4×32 的最大池化层,然后需要从解码器中得到一个 28×28×1 的重构图像。这里本身是由编码器得到的 4×4×32,若直接运用卷积操作,会变得更小,所以采用 Unsample(上采样)+卷积操作。具体实现流程如图 11.9 所示。

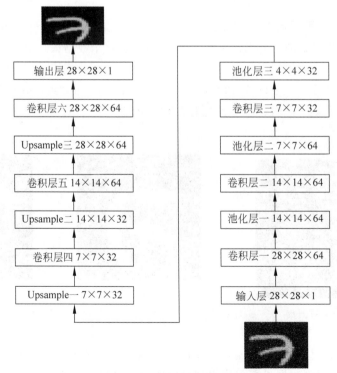

图 11.9　卷积自编码降噪网络框架图

### 3．主要代码

```
1.    #定义网络参数
2.    h_in, w_in = 28, 28
3.    k = 3
4.    p = 2
5.    s = 2
6.    filters = {1:32, 2:32, 3:16}
7.    activation_fn = tf.nn.relu
8.    h_l2, w_l2 = int(np.ceil(float(h_in)/float(s))), int(np.ceil(float(w_in)/float(s)))
9.    h_l3, w_l3 = int(np.ceil(float(h_l2)/float(s))), int(np.ceil(float(w_l2)/float(s)))
10.
11.   #创建占位符
12.   X_noisy = tf.placeholder(tf.float32, (None,h_in, w_in, 1), name = 'inputs')
13.   X = tf.placeholder(tf.float32, (None, h_in, w_in, 1), name = 'targets')
14.
15.   #建立编码器
16.   conv1 = tf.layers.conv2d(X_noisy, filters[1], (k,k), padding = 'same', activation =
      activation_fn)
17.   maxpool1 = tf.layers.max_pooling2d(conv1, (p, p), (s, s), padding = 'same')
18.   conv2 = tf.layers.conv2d(maxpool1, filters[2], (k,k), padding = 'same', activation =
      activation_fn)
19.   maxpool2 = tf.layers.max_pooling2d(conv2, (p, p), (s, s), padding = 'same')
20.   conv3 = tf.layers.conv2d(maxpool2, filters[3], (k,k), padding = 'same', activation =
      activation_fn)
21.   encodered = tf.layers.max_pooling2d(conv3, (p, p), (s, s), padding = 'same')
22.
23.   #建立解码器
24.   upsample1 = tf.image.resize_nearest_neighbor(encodered, (h_l3, w_l3))
25.   conv4 = tf.layers.conv2d(upsample1, filters[3], (k, k), padding = 'same', activation =
      activation_fn)
26.   upsample2 = tf.image.resize_nearest_neighbor(conv4, (h_l2, w_l2))
27.   conv5 = tf.layers.conv2d(upsample2, filters[2], (k, k), padding = 'same', activation =
      activation_fn)
28.   upsample3 = tf.image.resize_nearest_neighbor(conv5, (h_in, w_in))
29.   conv6 = tf.layers.conv2d(upsample3, filters[1], (k, k), padding = 'same', activation =
      activation_fn)
30.
31.   logits = tf.layers.conv2d(conv6, 1, (k, k), padding = 'same', activation = None)
32.   decoded = tf.nn.sigmoid(logits, name = 'decoded')
33.
34.   loss = tf.nn.sigmoid_cross_entropy_with_logits(labels = X, logits = logits)
35.   cost = tf.reduce_mean(loss)
36.   opt = tf.train.AdamOptimizer(0.001).minimize(cost)
37.
38.   #建立会话
39.   sess = tf.Session()
40.
41.   #根据给定输入调整模型
42.   epochs = 1
43.   batch_size = 100
44.   noise_factor = 0.5
```

```
45.    sess.run(tf.initialize_all_variables())
46.    err = [ ]
47.    for i in range(epochs):
48.        for ii in range(mnist.train.num_examples//batch_size):
49.            batch = mnist.train.next_batch(batch_size)
50.            imgs = batch[0].reshape((-1, h_in, w_in, 1))
51.
52.            noise_imgs = imgs + noise_factor * np.random.randn(*imgs.shape)
53.            noise_imgs = np.clip(noise_imgs, 0., 1.)
54.            batch_cost, _ = sess.run([cost, opt], feed_dict = {X_noisy: noise_imgs, X:imgs})
55.            err.append(batch_cost)
56.            if ii % 100 == 0:
57.                print("Epoch: {0}/{1}... Training loss {2}".format(i, epochs, batch_cost))
58.
59.    # 网络学习误差
60.    plt.plot(err)
61.    plt.xlabel('epochs')
62.    plt.ylabel('Cross Entropy Loss')
63.
64.    # 图像重构
65.    fig, axes = plt.subplots(nrows = 2, ncols = 10, sharex = True, sharey = True, figsize = (20,4))
66.    in_imgs = mnist.test.images[:10]
67.    noise_imgs = in_imgs + noise_factor * np.random.randn(*in_imgs.shape)
68.    noise_imgs = np.clip(noise_imgs, 0., 1.)
69.    reconstructed = sess.run(decoded, feed_dict = {X_noisy:noise_imgs.reshape((10, 28, 28, 1))})
70.    for images, row in zip([noise_imgs, reconstructed], axes):
71.        for img, ax in zip(images, row):
72.            ax.imshow(img.reshape((28,28)), cmap = 'Greys_r')
73.            ax.get_xaxis().set_visible(False)
74.            ax.get_yaxis().set_visible(False)
75.
76.    sess.close()
```

**4. 结果展示**

结果如图 11.10 和图 11.11 所示。

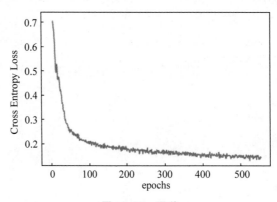

图 11.10　误差

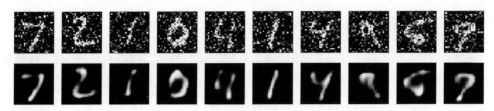

图 11.11  图像重构

## 11.3  稀疏自编码器图像降噪

### 11.3.1  稀疏自编码器原理简介

稀疏自编码器是在传统自编码器的基础上增加一些稀疏性约束。这个稀疏性是针对自编码器的隐藏层神经元而言的,通过对隐藏层神经元的大部分输出进行抑制使网络达到稀疏的效果。稀疏自编码器是一种无监督学习算法,通过计算自编码的输出与原输入的误差,不断调节编码器参数,最终训练出模型。它可用于压缩输入信息,提取有用的输入特征。稀疏自编码器的本质就是在传统的自编码器的基础上加上 L1 的正则限制(L1 主要是约束每一层中的节点中大部分都要为 0,只有少数不为 0),如图 11.12 所示。

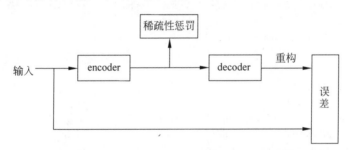

图 11.12  稀疏编码

对无类别标签数据,增加其类别标记是一个非常麻烦的过程,因此,致力于机器能够自己学习到样本中的一些重要特征。通过对隐藏层施加一些限制,能够使它学习到能最好表达样本的特征,并能有效地对样本进行降维,这种限制可以是对隐藏层稀疏性的限制。若给定一个神经网络,加上一些约束条件就可得到一个新的深度学习方法,比如:在自编码器的基础上加上 L1 的正则化约束。为什么要将隐藏层稀疏化?因为如果隐藏层神经元数量较大(可能比输入像素的个数还要多),不稀疏化无法得到输入的压缩表示。具体来说,如果给隐藏层神经元加入稀疏性约束,则自编码神经网络即使在隐藏神经元数量较多的情况下仍然可以发现输入数据中一些有趣的结构。自编码器输出层的节点数与输入层相等,训练网络以期望得到近似恒等函数,对 encoder/decoder 以及损失函数的数学表示如下。

编码器(encoder):$h = \sigma(Wx + b)$。

解码器(decoder):$\hat{x} = \sigma(W'h + b')$。

损失函数:$\{W, b, W', b'\} = \arg\min \mathrm{Loss}(x, x') = \|x - x'\|^2$。

## 11.3.2　稀疏自编码器图像降噪案例

本案例所用图像来自 Keras 自带数据集,并在图像中加入了高斯白噪声,以下代码实现了传统的自编码器与稀疏自编码器降噪结果的比较。

主要代码如下。

```
1.   ♯传统自编码器
2.   tf.random.set_seed(42)
3.   np.random.seed(42)
4.
5.   simple_encoder = keras.models.Sequential([
6.       keras.layers.Flatten(input_shape = [28, 28]),
7.       keras.layers.Dense(100, activation = "selu"),
8.       keras.layers.Dense(30, activation = "sigmoid"),])
9.   simple_decoder = keras.models.Sequential([
10.      keras.layers.Dense(100, activation = "selu", input_shape = [30]),
11.      keras.layers.Dense(28 * 28, activation = "sigmoid"),
12.      keras.layers.Reshape([28, 28])])
13.  simple_ae = keras.models.Sequential([simple_encoder, simple_decoder])
14.  simple_ae.compile(loss = "binary_crossentropy", optimizer = keras.optimizers.SGD
     (learning_rate = 1.), metrics = [rounded_accuracy])
15.  history = simple_ae.fit(X_train, X_train, epochs = 10, validation_data = (X_valid, X_
     valid))
16.  show_reconstructions(simple_ae)
17.  plt.show()
18.
19.  ♯查看编码层分布
20.  def plot_percent_hist(ax, data, bins):
21.      counts, _ = np.histogram(data, bins = bins)
22.      widths = bins[1:] - bins[:-1]
23.      x = bins[:-1] + widths / 2
24.      ax.bar(x, counts / len(data), width = widths * 0.8)
25.      ax.xaxis.set_ticks(bins)
26.      ax.yaxis.set_major_formatter(mpl.ticker.FuncFormatter(
27.          lambda y, position: "{}%".format(int(np.round(100 * y)))))
28.      ax.grid(True)
29.  def plot_activations_histogram(encoder, height = 1, n_bins = 10):
30.      X_valid_codings = encoder(X_valid).numpy()
31.      activation_means = X_valid_codings.mean(axis = 0)
32.      mean = activation_means.mean()
33.      bins = np.linspace(0, 1, n_bins + 1) ♯ 分箱范围
34.
35.  fig, [ax1, ax2] = plt.subplots(figsize = (10, 3), nrows = 1, ncols = 2, sharey = True)
36.      plot_percent_hist(ax1, X_valid_codings.ravel(), bins)
37.      ax1.plot([mean, mean], [0, height], "k--", label = "Overall Mean = {:.2f}".format
         (mean))
38.      ax1.legend(loc = "upper center", fontsize = 14)
39.      ax1.set_xlabel("Activation")
```

```
40.         ax1.set_ylabel("% Activations")
41.         ax1.axis([0, 1, 0, height])
42.         plot_percent_hist(ax2, activation_means, bins) # 画均值
43.         ax2.plot([mean, mean], [0, height], "k--")
44.         ax2.set_xlabel("Neuron Mean Activation")
45.         ax2.set_ylabel("% Neurons")
46.     ax2.axis([0, 1, 0, height])
47.     plot_activations_histogram(simple_encoder, height=0.35)
48.     plt.show()
49.
50.     # 加入 L1 正则化
51.     sparse_l1_encoder = keras.models.Sequential([
52.         keras.layers.Flatten(input_shape=[28, 28]),
53.         keras.layers.Dense(100, activation="selu"),
54.         keras.layers.Dense(300, activation="sigmoid"),
55.         keras.layers.ActivityRegularization(l1=1e-3)
56.     activity_regularizer=keras.regularizers.l1(1e-3)])
57.     sparse_l1_decoder = keras.models.Sequential([
58.         keras.layers.Dense(100, activation="selu", input_shape=[300]),
59.         keras.layers.Dense(28 * 28, activation="sigmoid"),
60.         keras.layers.Reshape([28, 28])])
61.     sparse_l1_ae = keras.models.Sequential([sparse_l1_encoder, sparse_l1_decoder])
62.     sparse_l1_ae.compile(loss="binary_crossentropy", optimizer=keras.optimizers.SGD
        (learning_rate=1.0), metrics=[rounded_accuracy])
63.     history = sparse_l1_ae.fit(X_train, X_train, epochs=10, validation_data=(X_valid, X_
        valid))
64.     plot_activations_histogram(sparse_l1_encoder, height=1.)
65.     plt.show()
```

结果如图 11.13 所示。

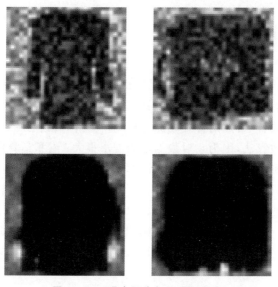

**图 11.13 噪声图像与降噪后图像**

图 11.14(a)、(b)编码层激活的直方图。左侧的直方图显示了所有激活的分布。可以看到接近 0 或 1 的值总体上更频繁,这与 Sigmoid 函数的饱和性质一致。右侧的直方图显示了平均神经元激活的分布:可以看到大多数神经元的平均激活接近 0.5。两个直方图告诉我们,每个神经元都倾向于接近 0 或 1,每个神经元都有大约 50% 的概率。图 11.14 显示了加入了激活函数的正则化之后,大部分的输出为 0,大部分的神经元的编码输出也为 0。

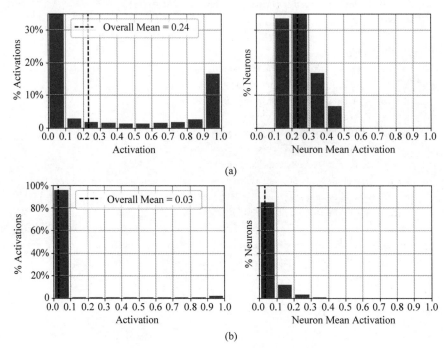

图 11.14　加 L1 正则化的稀疏自编码器结果

# 🔑 11.4　知识扩展

虽然,卷积自编码器具有降噪功能,但是它也存在一些缺点:①做卷积时需要将数据集归一化,不同尺寸的数据混合在一起难以训练;②卷积网络没有记忆功能;③对图像处理效果较好,但对视频、语音、自然语言处理能力较差。另外,此过程中的反向传播算法并不是一个深度学习中的高效算法,因为它对数据量的需求很大;卷积运算满足平移不变性,其参数会随着目标的位置和转动变化而变化;池化层的存在会导致许多非常有价值的信息丢失,同时也会忽略掉整体与部分之间的关联。可以尝试通过数据扩增等方法来避免潜在的缺陷。关于稀疏自编码器中正则化的引入,其中正则化方法的选取是关键,目前出现了众多正则化方式,可根据具体问题选择合适的正则化方法,以达到压缩和降噪作用。现在,胶囊网络等新的网络结构的出现正在给深度学习领域带来一场革命。未来,更多改进的网络结构会出现。

# Q 11.5　习题

1. 解释卷积运算原理。
2. 归纳总结常见的卷积类型有哪些，并简要解释其优缺点。
3. 对于降噪问题，除了卷积自编码器外，请列举几种常见的降噪网络。
4. 请思考如何提高卷积自编码器训练效率。
5. 请列举几个正则化方法，并简要解释各自的优缺点。

第 *12* 章

# 几种深度学习网络

CHAPTER *12*

**本章学习目标**

- 认知类目标：了解几种当今流行的深度学习网络。
- 价值类目标：掌握几种当今流行的深度学习网络的特点。
- 方法类目标：会灵活运用几种深度学习网络结构解决实际应用问题。
- 情感、态度、价值观类目标：理解深度学习网络的相关原理；了解最新发展动态以及相关发展状况；能灵活运用几种深度学习网络分析、研究和解决实际问题，结合人工智能技术，深入挖掘深度学习网络的理论原理，为深入研究人工智能众多问题打下扎实的基础，培养学生服务于解决我国重大需求的奉献精神。

本章主要介绍卷积神经网络、循环神经网络、生成对抗网络和概率图模型的基本思想及应用案例；最后，知识扩展部分简单介绍了深度学习的相关前景。

## 12.1　开启深度学习之旅

目前人工智能非常火爆,其中深度学习是引领的"火箭"。

关于深度学习,首先需要知道什么是学习。著名学者赫伯特 • 西蒙教授(Herbert Simon,1975 年图灵奖获得者、1978 年诺贝尔经济学奖获得者)曾对"学习"给出一个定义: "如果一个系统,能够通过执行某个过程,就此改进了它的性能,那么这个过程就是学习"。 从西蒙教授的观点可以看出,学习的核心目的就是改善性能。其实此定义对于人而言也是 适用的,比如学习"深度学习"的知识,其本质目的是"提升"自己在机器学习上的认知水平。 如果仅仅是低层次的重复性学习,而没有达到认知升级的目的,那么即使表面看起来非常勤 奋,其实也仅仅是个"伪学习者",因为并没有改善性能。

机器学习的专家们发现,可以用神经网络学习如何抓取数据的特征,此学习方式效果更 佳,从而产生了特征表示学习(Feature Representation Learning),然而机器自己学习出来 的特征,仅存在于机器空间,完全超越了人们理解范畴,因此,它是一个黑盒世界。为了让神 经网络的学习性能表现得更好,人们只能依据经验,不断尝试性地进行大量重复的网络参数 调整,此任务同样是"苦不堪言"。于是,"人工智能"领域存在这样的调侃:"有多少人工,就 有多少智能"。随着网络进一步加深,出现了多层次的"表示学习",把学习性能提升到新的 高度,学习层数也随之增多。于是,人们就给它取了个特别的名称——深度学习(Deep Learning)。深度学习的学习对象同样是数据,与传统机器学习有所不同的是,它需要大量 的数据,也就是"大数据"(Big Data)。下面我们就开启深度学习之旅吧!

## 12.2　卷积神经网络

### 12.2.1　卷积神经网络原理简介

卷积神经网络是在 Hub 等对猫的视觉皮层中细胞的研究基础上,通过拟生物大脑皮层 结构而特殊设计的含有多个隐藏层的人工神经网络。卷积层、池化层是卷积神经网络的重 要组成部分。卷积神经网络通过局部感受野、权重共享和降采样 3 种策略,降低了网络模型 的复杂度,同时对于平移、旋转、尺度缩放等形式具有相应的不变性,因此被广泛应用于图像 分类、目标识别、语音识别等领域。一般情况下,常见的卷积神经网络由输入层、卷积层、激 活层、池化层、全连接层和最后的输出层构成,如图 12.1 所示。卷积神经网络采用原始图像 作为输入,可以有效地从大量样本中学习到相应的特征,避免了复杂的特征提取过程。由于 卷积神经网络(CNN)可以直接对二维图像进行 处理,因此,在图像处理方面得到了广泛的应用, 并取得了较丰富的研究成果。卷积网络通过简 单的非线性模型从原始图像中提取出更加抽象 的特征,并且在整个过程中只需少量的人工 参与。

➢ 数据输入层 / Input layer
➢ 卷积层 / Conv layer
➢ 激活层 / Activation layer
➢ 池化层 / Pooling layer
➢ 全连接层 / Fully-connected layer
➢ 批量归一化层 / Batch normalization(可能存在)

图 12.1　卷积网络层次

卷积神经网络具有局部感知和参数共享两个特点,局部感知即卷积神经网络提出每个神经元不需要感知图像中的全部像素,只对图像的局部像素进行感知,然后在更高层将这些局部的信息进行合并,从而得到图像的全部表征信息。不同层的神经单元采用局部连接的方式,即每一层的神经单元只与前一层部分神经单元相连,每个神经单元只响应感受野内的区域,完全不关心感受野之外的区域。这样的局部连接模式保证了学习到的卷积核对输入的空间局部模式具有最强的响应。权值共享网络结构使之更类似于生物神经网络,降低了网络模型的复杂度,减少了权值的数量。这种网络结构对平移、比例缩放、倾斜或者其他形式的变形具有高度不变性。卷积网络示意图如图 12.2 所示。

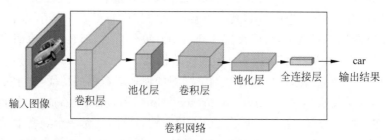

图 12.2　卷积网络示意图

下面对卷积网络中不同层次进行详细介绍。

1) 数据输入层

一般地,输入一张图片时,会进行一些操作,对于图像数据,不会把一张图片原始数据直接输入,通常会采取去均值化的处理。下面列出了 3 种常见的数据处理方式。

(1) 去均值。把输入数据各个维度都中心化到 0。

(2) 归一化。幅度归一化到同样的范围。

(3) 主成分分析(PCA)/白化。用 PCA 降维。白化是对数据每个特征轴上的幅度归一化。

2) 卷积层

卷积神经网络中每层卷积层(Convolutional layer)由若干卷积单元组成,每个卷积单元的参数都是通过反向传播算法最佳化得到。卷积运算(图 12.3)的目的是提取输入数据不同特征,第一层卷积层可能只提取一些低级的特征如边缘、线条和角等层级,更多层的卷积

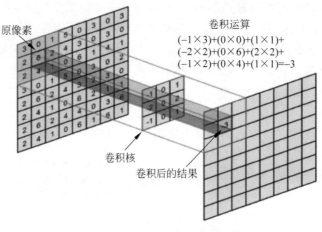

图 12.3　卷积运算

层能从低级特征中迭代提取更复杂的特征,这样多次卷积操作后,遍历图像所有的点,从而可得到一张新的图,这张图称之为特征图(见图 12.4)。目前还存在其他形式的卷积运算,如深度可分离卷积、组卷积、扩展卷积、转置卷积、纵横十字交叉卷积等(可查看相关文献)。

图 12.4　特征图

3) 激活层

如果不用激活函数,每一层的输出都是上一层输入的线性函数,无论神经网络有多少层,输出结果都是输入的线性组合,这种情况就是最原始的感知机(Perceptron)。如果使用激活函数,激活函数给神经元引入了非线性因素,使得神经网络可以任意逼近任何非线性函数,这样神经网络就可以应用到众多的非线性模型中。除此之外,还可以获得更为强大的表达能力。常用激活函数有:Sigmoid 函数、tanh 函数和 ReLU 函数。CNN 中常用的激活函数是 ReLU 函数,它与前两个函数相比具有收敛速度更快、梯度求解公式简单、不会产生梯度消失和梯度爆炸等优点;而缺点是没有边界、容易陷入死神经元,可以通过较小学习率解决。下面是几个常见的激活函数及函数图像。

Sigmoid 函数:$y = \dfrac{1}{1 + \mathrm{e}^{-x}}$,图像如图 12.5 所示。

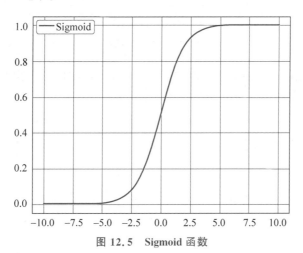

图 12.5　Sigmoid 函数

tanh 函数:$y = \dfrac{\mathrm{e}^{z} - \mathrm{e}^{-z}}{\mathrm{e}^{z} + \mathrm{e}^{-z}}$,图像如图 12.6 所示。

ReLU 函数:$y = \max(0, x)$,图像如图 12.7 所示。

注:Sigmoid 和 tanh 激活函数有共同的缺点:即在 $x$ 很大或很小时,梯度几乎为零,因此使用梯度下降优化算法更新网络很慢。因此,ReLU 激活函数成为了大多数神经网络的

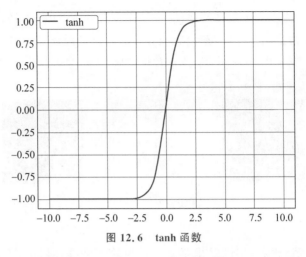

图 12.6　tanh 函数

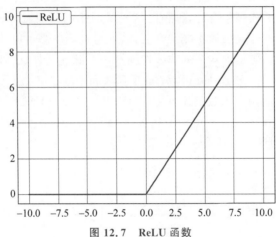

图 12.7　ReLU 函数

默认选择。但是 ReLU 也存在缺点：即在 $x$ 小于 0 时,斜率即导数为 0,因此引申出 Leaky ReLU 函数,但是实际上 Leaky ReLU 使用得并不多。

Leaky ReLU 函数：$y=\max(0.01x,x)$,图像如图 12.8 所示。

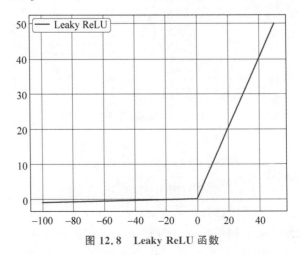

图 12.8　Leaky ReLU 函数

4）池化层

池化是卷积神经网络中的一种降采样技术。目前有多种不同形式的非线性池化函数，其中最为常见的是最大池化（Max pooling）。它是将输入的图像划分为若干矩形区域，对每个子区域输出最大值。池化层会不断地减小数据的空间大小，因此参数的数量和计算量也会下降，这在一定程度上也可减弱过拟合。通常来说，CNN 的卷积层之间都会周期性地插入池化层，以降低计算成本，增强特征平移不变性，防止过拟合等。

常见的池化层有：最大池化、平均池化、全局平均池化、全局最大池化、重叠池化、空间金字塔池化。

平均池化（Average pooling）：计算图像区域的平均值作为该区域池化后的值。

最大池化（Max pooling）：选图像区域的最大值作为该区域池化后的值，如图 12.9所示。

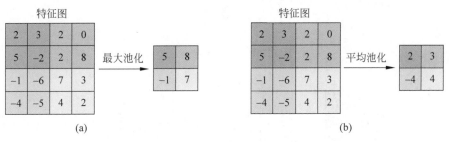

图 12.9　最大池化与平均池化技术

全局平均池化（Global average pooling）：将整张图像的平均值作为池化后的值。

全局最大池化（Global max pooling）：选取整张图像的最大值作为池化后的值。

池化操作后的结果相比其输入缩小了，它有如下几个作用：一定程度的平移不变性、特征降维、防止过拟合、实现非线性、扩大感受野等。

注：特征提取中误差主要来源于两个方面：邻域大小受限造成的估计值方差增大；卷积层参数误差造成估计均值的偏移。一般来说，平均池化能减小第一种误差，能更多保留图像背景信息；最大池化能减小第二种误差，更多保留纹理信息。随机池化则介于两者之间，通过对像素点按照数值大小赋予概率，再按照概率进行亚采样，在平均意义上，与平均池化近似，在局部意义上，则服从最大池化准则。

重叠池化（Overlapping pooling）：重叠池化就是相邻池化窗口之间有重叠区域，此时一般窗口大小应大于步长。

空间金字塔池化（Spatial pyramid pooling）：空间金字塔池化的思想源自 Spatial pyramid model，它将一个 pooling 变成了多个 scale 的 pooling。用不同大小池化窗口作用于上层的卷积特征。也就是说 Spatial pyramid pooling layer 就是把前一卷积层的 feature maps 的每一个图片上进行了 3 个卷积操作，并把结果输出给全连接层。其中每一个池化操作可以看成是一个空间金字塔的一层，如图 12.10 所示。

5）全连接层

全连接层（Fully-connected layers，FC）在整个卷积神经网络中起到"分类器"的作用，将学到的"分布式特征表示"映射到样本标记空间的作用。在实际使用中，全连接层可由卷积操作实现（如图 12.11 所示），其核心操作是矩阵向量乘积。

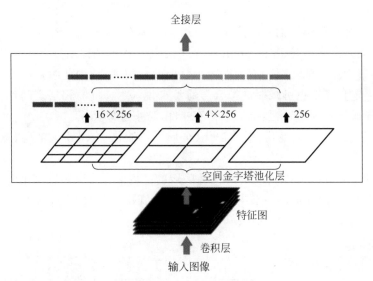

图 12.10　空间金字塔池化

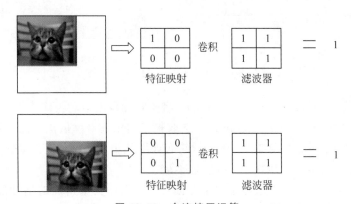

图 12.11　全连接层运算

简要说明：从图 12.11 可以看出，猫在不同的位置，输出的特征值相同，但是位置不同。对于计算机来说，特征值相同，但是特征值位置不同，分类结果就可能不一样。这时全连接层滤波器的作用就相当于目的只有让滤波器找到猫，猫的位置不重要，实际就是把特征映射整合成一个值，这个值大则有猫，这个值小就可能没猫，和猫的位置关系不大，这样可以增强鲁棒性。

全连接层运算所需注意的几个方面如下。全连接层参数很多(可占整个网络参数 80%左右)，因此对模型影响参数就是三个：全连接层的总层数，即长度；单个全连接层的神经元数，即宽度；激活函数。激活函数的作用是：增加模型的非线性表达能力。若全连接层宽度不变，增加长度。这样就会使神经元个数增加，模型复杂度提升，全连接层数加深，模型非线性表达能力提高，理论上可以提高模型的学习能力。若全连接层长度不变，增加宽度。这样也可使神经元个数增加，模型复杂度提升，理论上可以提高模型的学习能力。但会带来新的问题是学习能力太好容易造成过拟合，运算时间增加，效率降低。

6）批量归一化层

深度学习网络模型训练困难的主要原因是，CNN 包含很多隐藏层，每层参数都会随着训练而改变优化，所以隐藏层的输入分布总会变化，每个隐藏层都会面临协变量转移（Covariate Shift，CS）问题。内部协变量转移（Internal Covariate Shift，ICS）使得每层输入不再是独立同分布，这样会造成上一层数据需要适应新的输入分布。数据输入激活函数时，会落入饱和区，使得学习效率过低，甚至梯度消失，造成训练的收敛速度越来越慢。而批量归一化层（Batch Normalization，BN）就是通过归一化手段，将每层输入强行拉回均值为 0，方差为 1 的标准正态分布，这样使得激活输入值分布在非线性函数梯度敏感区域，从而避免梯度消失问题，大大加快训练速度。提升模型泛化能力，BN 的缩放因子可以有效地识别对网络贡献不大的神经元，经过激活函数后可以自动削弱或消除一些神经元。另外，由于归一化，很少发生数据分布不同导致的参数变动过大问题。

## 12.2.2　深度卷积神经网络案例——图像目标检测

在计算机视觉领域，卷积神经网络（CNN）已经成为最主流的方法，比如最近的 GoogLeNet、DenseNet、VGG-19、Inception 等模型。深度卷积网络存在多种不同的形式，本书仅着重讲解其中一种 DenseNet（Densely connected convolutional networks）模型，它建立了前面所有层与后面层的密集连接（Dense connection），因此它的名称也是由此而来。DenseNet 的一大特色是通过特征在通道（Channel）上的连接来实现特征重用（Feature reuse），这些特点让 DenseNet 在参数和计算成本更少的情形下实现比残差网络更优的性能，DenseNet 也因此斩获 CVPR 2017 的最佳论文奖。

构建 DenseNet 框架可以实现对图像数据集 COCO2017（如图 12.12 所示）中的图像目

图 12.12　COCO2017 图例

标检测。另外,此模型也可以用于其他图像数据集的目标检测识别,只需要传入相应的训练集进行训练,保存为另一个模型,进行调用。

环境配置:Anaconda+Spyder4.0(python3.7),需提前安装好 TensorFlow 2.0 模块。

设计思路如图 12.13 所示。

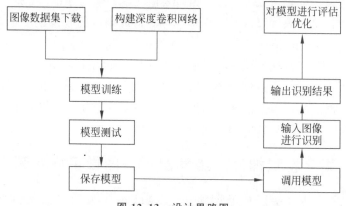

图 12.13　设计思路图

(1) 下载图像数据集 COCO2017。

COCO 的全称是 Common Objects in Context,是微软团队提供的一个可以用来进行图像检测识别的数据集,它起源于 2014 年出资标注的 Microsoft COCO 数据集,与 ImageNet 竞赛一样,被视为是计算机视觉领域最受关注和最权威的比赛之一。COCO 数据集是一个大型的、丰富的物体检测、分割和字幕数据集,这个数据集以 Scene understanding 为目标,主要从复杂的日常场景中截取,图像中的目标通过精确的 Segmentation 进行位置的标定。图像包括 91 类目标、328 000 幅图像和 2 500 000 个标签。目前为止有语义分割的最大数据集,提供的类别有 80 类,有超过 33 万幅图像,其中 20 万张有标注,整个数据集中个体的数目超过 150 万个,大小 25GB,记录数量:33 万幅图像,80 个对象类别,每幅图像有 5 个标签,25 万个关键点。MS COCO 数据集中的图像分为训练、验证和测试集。COCO 也有官方的 API,可以根据自己的想法来提取想要的类别图像来训练。

(2) 构建卷积神经网络。

(3) 对卷积神经网络进行训练。

(4) 改进训练集与测试集,并扩大数据集。

(5) 保存模型。

(6) 调用模型进行测试。

实现如下。

首先,训练模型,再进行模型保存,之后可对模型进行调用,无须每使用一次模型就训练一次。另外,只需修改数据集位置,一般情况下能正常运行,如果不能,请检查第三方库是否成功安装,以及是否成功导入。通常训练集与测试集划分为 7∶3(也可自行修改),若正确率不理想,可进行扩大数据集,数据清洗,图片处理等方面改进,如图 12.14 所示。完整的代码见本书电子资源。

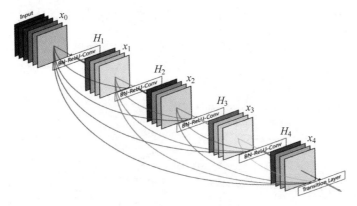

图 12.14　DenseNet 示意图

主要代码如下。

```
1.    # 定义 Denseblock 层
2.    import tensorflow as tf
3.
4.    class BottleNeck(tf.keras.layers.Layer):
5.     def __init__(self, growth_rate, drop_rate):
6.         super(BottleNeck, self).__init__()
7.         self.bn1 = tf.keras.layers.BatchNormalization()
8.         self.conv1 = tf.keras.layers.Conv2D(filters = 4 * growth_rate,
9.                                             kernel_size = (1, 1),
10.                                            strides = 1,
11.                                            padding = "same")
12.        self.bn2 = tf.keras.layers.BatchNormalization()
13.        self.conv2 = tf.keras.layers.Conv2D(filters = growth_rate,
14.                                            kernel_size = (3, 3),
15.                                            strides = 1,
16.                                            padding = "same")
17.        self.dropout = tf.keras.layers.Dropout(rate = drop_rate)
18.
19.        self.listLayers = [self.bn1,
20.                           tf.keras.layers.Activation("relu"),
21.                           self.conv1,
22.                           self.bn2,
23.                           tf.keras.layers.Activation("relu"),
24.                           self.conv2,
25.                           self.dropout]
26.
27.    def call(self, x):
28.        y = x
29.        for layer in self.listLayers.layers:
30.            y = layer(y)
31.        y = tf.keras.layers.concatenate([x, y], axis = -1)
32.        return y
33.
```

```
34.    #Denseblock 由多个 BottleNeck 组成,其输出通道数相同
35.    class DenseBlock(tf.keras.layers.Layer):
36.        def __init__(self, num_layers, growth_rate, drop_rate = 0.5):
37.            super(DenseBlock, self).__init__()
38.            self.num_layers = num_layers
39.            self.growth_rate = growth_rate
40.            self.drop_rate = drop_rate
41.            self.listLayers = []
42.            for _ in range(num_layers): self.listLayers.append(BottleNeck(growth_rate =
               self.growth
43.                _rate, drop_rate = self.drop_rate))
44.
45.        def call(self, x):
46.            for layer in self.listLayers.layers:
47.                x = layer(x)
48.            return
49.
50.    #定义过渡层:过渡层用来控制模型复杂度.它通过 1×1 卷积层来减小通道数,并使用步长
       #为 2 的平均池化层减半高和宽,从而进一步降低模型复杂度
51.    class TransitionLayer(tf.keras.layers.Layer):
52.        def __init__(self, out_channels):
53.            super(TransitionLayer, self).__init__()
54.            self.bn = tf.keras.layers.BatchNormalization()
55.            self.conv = tf.keras.layers.Conv2D(filters = out_channels,
56.                                                 kernel_size = (1, 1),
57.                                                 strides = 1,
58.                                                 padding = "same")
59.            self.pool = tf.keras.layers.MaxPool2D(pool_size = (2, 2),
60.                                                   strides = 2,
61.                                                   padding = "same")
62.
63.        def call(self, inputs):
64.            x = self.bn(inputs)
65.            x = tf.keras.activations.relu(x)
66.            x = self.conv(x)
67.            x = self.pool(x)
68.            return x
69.    #定义 DenseNet 模型
70.    class DenseNet(tf.keras.Model):
71.        def __init__(self, num_init_features, growth_rate, block_layers, compression_rate,
           drop_rate):
72.            super(DenseNet, self).__init__()
73.            self.conv = tf.keras.layers.Conv2D(filters = num_init_features,
74.                                                 kernel_size = (7, 7),
75.                                                 strides = 2,
76.                                                 padding = "same")
77.            self.bn = tf.keras.layers.BatchNormalization()
78.            self.pool = tf.keras.layers.MaxPool2D(pool_size = (3, 3),
79.                                                   strides = 2,
80.                                                   padding = "same")
81.            self.num_channels = num_init_features
82.            self.dense_block_1 = DenseBlock(num_layers = block_layers[0], growth_rate =
               growth_rate, drop_rate = drop_rate)
```

```
83.          self.num_channels += growth_rate * block_layers[0]
84.          self.num_channels = compression_rate * self.num_channels
85.          self.transition_1 = TransitionLayer(out_channels = int(self.num_channels))
86.          self.dense_block_2 = DenseBlock(num_layers = block_layers[1], growth_rate =
             growth_rate, drop_rate = drop_rate)
87.          self.num_channels += growth_rate * block_layers[1]
88.          self.num_channels = compression_rate * self.num_channels
89.          self.transition_2 = TransitionLayer(out_channels = int(self.num_channels))
90.          self.dense_block_3 = DenseBlock(num_layers = block_layers[2], growth_rate =
             growth_rate, drop_rate = drop_rate)
91.          self.num_channels += growth_rate * block_layers[2]
92.          self.num_channels = compression_rate * self.num_channels
93.          self.transition_3 = TransitionLayer(out_channels = int(self.num_channels))
94.          self.dense_block_4 = DenseBlock(num_layers = block_layers[3], growth_rate =
             growth_rate, drop_rate = drop_rate)
95.
96.          self.avgpool = tf.keras.layers.GlobalAveragePooling2D()
97.          self.fc = tf.keras.layers.Dense(units = 1000,
                           activation = tf.keras.activations.softmax)
98.
99.     def call(self, inputs):
100.          x = self.conv(inputs)
101.          x = self.bn(x)
102.          x = tf.keras.activations.relu(x)
103.          x = self.pool(x)
104.
105.          x = self.dense_block_1(x)
106.          x = self.transition_1(x)
107.          x = self.dense_block_2(x)
108.          x = self.transition_2(x)
109.          x = self.dense_block_3(x)
110.          x = self.transition_3(x, )
111.          x = self.dense_block_4(x)
112.
113.          x = self.avgpool(x)
114.          x = self.fc(x)
115.
116.          return x
```

结果显示如图 12.15 所示。

彩图 12.15

图 12.15　深度卷积网络实现目标检测

## 🔑 12.3 循环神经网络

### 12.3.1 循环神经网络原理简介

循环神经网络(Recurrent Neural Network,RNN)是为了刻画一个序列当前的输出与之前信息的关系。从网络结构上看,循环神经网络会记忆之前的信息,并利用之前的信息影响后面节点的输出。循环神经网络的隐藏层之间的节点是有连接的,隐藏层的输入不仅包括输入层的输出,还包括上一时刻隐藏层的输出。循环神经网络对于每一个时刻的输入结合当前模型的状态给出一个输出。它可以视为同一神经网络被无限次复制的结果,但在现实生活中是无法做到真正的无限循环。它仍存在不足,即 RNN 可以看成一个在时间上传递的神经网络,深度是时间的长度,而梯度消失的现象出现时间轴上。

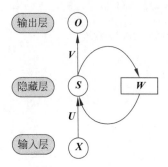

图 12.16　RNN 结构

RNN 结构如图 12.16 所示,图中 $X$ 是一个向量,它表示输入层的值;$S$ 是一个向量,它表示隐藏层的值(这里隐藏层画了一个节点,也可以想象这一层其实是多个节点,节点数与向量 $s$ 的维度相同),$U$ 是输入层到隐藏层的权重矩阵,$O$ 也是一个向量,它表示输出层的值,$V$ 是隐藏层到输出层的权重矩阵。循环神经网络的隐藏层的值 $S$ 不仅仅取决于当前的输入 $X$,还取决于上一隐藏层的值 $S$,权重矩阵 $W$ 是隐藏层上一次的值作为这一次的输入权重。如果将图中有 $W$ 的带箭头的圈去掉,它就变成了最普通的全连接神经网络。图 12.17 是按时间对 RNN 结构展开表示形式,从图中可以比较清楚地看出,RNN 网络在 $t$ 时刻接收到输入 $X_t$ 之后,隐藏层的值是 $S_t$,输出值是 $O_t$。关键的是,$S_t$ 的值不仅仅取决于 $X_t$,还取决于 $S_{t-1}$。

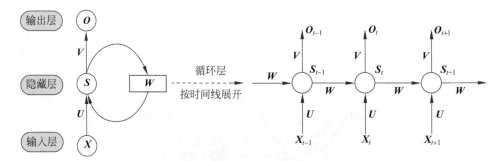

图 12.17　RNN 按时间线展开

另外,从图 12.17 中可看出,RNN 之所以可以解决序列问题,是因为它可以记住每一时刻的信息,每一时刻的隐藏层不仅由该时刻的输入层决定,还由上一时刻的隐藏层决定。其计算方法表示如下:

$$O_t = g(V \cdot S_t)$$
$$S_t = f(U \cdot X_t + W \cdot S_{t-1})$$

其中，$\boldsymbol{O}_t$ 代表 $t$ 时刻的输出，$\boldsymbol{S}_t$ 代表 $t$ 时刻的隐藏层的值。

从循环神经网络的结构特征可以得出它最擅长解决的问题是与时间序列相关的。对于一个序列数据，可以将这个序列上不同时刻的数据依次传入循环神经网络的输入层，而输出可以是对序列中下一时刻的预测，也可以是对当前时刻信息的处理结果（如语音识别结果）。循环神经网络要求每一个时刻都有一个输入，但不一定每个时刻都需要有输出。RNN 已经被广泛地应用到语音识别、语言模型、机器翻译以及时序分析等问题上，并取得了成功。

循环神经网络中的参数在不同时刻是共享的。循环神经网络的总损失是所有时刻（或部分时刻）上损失函数的总和。循环神经网络可以更好地利用传统神经网络结构所不能建模的信息，但同时，也会带来更大的技术挑战——长期依赖（long-term dependencies）问题。

目前常见的循环神经网络有长短时记忆网络（Long Short Term Memory，LSTM）、双向循环神经网络（Bidirectional RNN）和深层循环神经网络（deep RNN）。其中 RNN 神经网络会记住所有信息，无论是有用的还是无用的；LSTM 神经网络是选择一个记忆细胞，对信息有选择性地记忆。而本书仅考虑长短时记忆网络（LSTM），它是为了解决时间上的梯度消失，通过门的开关实现时间上记忆功能来防止出现梯度消失现象。LSTM 被广泛用于许多序列任务（包括天然气负荷预测、股票市场预测、语言建模、机器翻译），并且比其他序列模型（例如 RNN）表现更好，尤其是在有大量数据的情况下。LSTM 经过精心设计，可以避免 RNN 的梯度消失问题。消失梯度的主要实际限制是模型无法学习长期的依赖关系。与常规 RNN 相比，LSTM 可以存储更多的记忆（数百个时间步长）。与仅维护单个隐藏状态的 RNN 相比，LSTM 具有更多参数，可以更好地控制在特定时间步长保存哪些记忆以及丢弃哪些记忆。LSTM 可以看作是一个更高级的 RNN 系列，它主要由以下五个不同部分组成（如图 12.18 所示）。

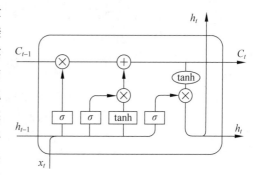

图 12.18　LSTM 结构图

（1）单元状态：这是 LSTM 单元的内部单元状态（例如：记忆）。

（2）隐藏状态：这是用于计算预测结果的外部隐藏状态。

（3）输入门：确定发送到单元状态的当前输入量。

（4）遗忘门：确定发送到当前单元状态的先前单元状态的数量。

（5）输出门：确定隐藏状态下输出的单元状态数。

$$f_t = \sigma(W_f \cdot [h_{t-1}, x_t] + b_f)$$
$$i_t = \sigma(W_i \cdot [h_{t-1}, x_t] + b_i)$$
$$\overline{C}_t = \tanh(W_C \cdot [h_{t-1}, x_t] + b_C)$$
$$C_t = f_t * C_{t-1} + i_t * \overline{C}_t$$
$$o_t = \sigma(W_o \cdot [h_{t-1}, x_t] + b_o)$$
$$h_t = o_t * \tanh(C_t)$$

注：在 RNN 结构中，每个循环核可有多个记忆体，记忆体的个数可以改变记忆容量且

个数可以随意设定。

## 12.3.2　循环神经网络的几种实现

### 1. TensorFlow 实现

TensorFlow 的基本用法,就是导入 RNN 相关包,设置每个细胞状态和最后的全连接层。TensorFlow 的使用过程可概括经下几个步骤:

(1) 导入必要的包。除了必须用的 TensorFlow,根据计算需要还可导入其他包。

(2) 定义参数。不论是定义常数还是变量,基本都离不开张量,决定张量的大小的各种维度都可以从参数获得,还有一些模型也需要参数,比如:学习率以及每一批次训练样本大小等。

(3) 建立常量的占位符(Placeholder)和变量的定义维度(Variable),这个需要根据神经网络的结构自己设定。

(4) 定义部分所需函数。定义的函数有助于建立神经网络模型,它本质上就是调用各种工具包,只需提供相应参数,另外还需确定模型的输入输出以及它们之间的维度关系。

(5) 参数训练。定义好所需的损失函数,大部分都是交叉熵损失函数(易求导),而优化器大部分选择 AdamOptimizer。

(6) 启动 TensorFlow,包括变量的初始化等。

(7) 开始训练。

(8) 保存模型。训练好后得到一个准确率比较高的模型后进行保存,部署到线上环境后每次均可调用。当然,如果觉得需要重复训练也可以使用新数据训练,若涉及 GPU 会非常耗资源。

代码示例如下。

```
1.    # 导入必要的包
2.    import tensorflow as tf
3.    from tensorflow.examples.tutorials.mnist import input_data
4.    mnist = input_data.read_data_sets("./data",one_hot = True)
5.
6.    # 参数设置
7.    learning_rate = 0.01        # 学习率
8.    train_step = 10000          # 训练步数
9.    batch_size = 128            # 每次训练样本个数
10.   display_step = 10           # 每几次打印一次结果
11.   frame_size = 28             # 图片为 28 * 28
12.   sequence_length = 28        # 序列长度
13.   hidden_num = 5              # 细胞单元的神经元大小,也是每层的输出大小
14.   n_classes = 10             # 类别数
15.
16.   # 定义输入、输出
17.   x = tf.placeholder(dtype = tf.float32,shape = [None,frame_size * sequence_length],name =
      'input_x')                 # None 代表提前也不知道输入几个样本训练
18.   y = tf.placeholder(dtype = tf.float32,shape = [None,n_classes],name = 'output_y')
```

```
19.
20.    # 变量初始化
21.    weights = tf.Variable(tf.truncated_normal(shape = [hidden_num,n_classes]))
                                                        # 截尾正态分布初始化
22.    bias = tf.Variable(tf.zeros(shape = [n_classes]))
23.
24.    # 定义函数
25.    def RNN(x, weights, bias):
26.        x = tf.reshape(x, shape = [ - 1, sequence_length, frame_size])
                                        # - 1 代表根据输入确定,如空缺则表示根据计算获得
27.        rnn_cell = tf.nn.rnn_cell.BasicRNNCell(hidden_num)
28.        init_state = rnn_cell.zero_state(batch_size, tf.float32)
29.
30.        # state 是 RNN 和 LSTM 专用实际表示细胞层的输出
31.        output, states = tf.nn.dynamic_rnn(rnn_cell, x, initial_state = init_state, dtype = tf.
           float32)
32.        return tf.nn.softmax(tf.matmul(output[:, - 1, :], weights) + bias, axis = 1)
33.
34.    predy = RNN(x, weights, bias)
35.    lost = tf.reduce_mean(tf.nn.softmax_cross_entropy_with_logits(logits = predy, labels = y))
36.    train = tf.train.AdamOptimizer(learning_rate).minimize(lost)
37.    correct_predict = tf.equal(tf.argmax(predy, 1), tf.argmax(y, 1))
38.    accuracy = tf.reduce_mean(tf.cast(correct_predict, tf.float32))
39.
40.    sess = tf.Session()
41.    sess.run(tf.global_variables_initializer())
42.
43.    step = 1
44.    test_x, test_y = mnist.test.next_batch(batch_size)
45.    while step < = train_step:
46.        batch_x, batch_y = mnist.train.next_batch(batch_size)
47.        batch_x = tf.reshape(batch_x,shape = [batch_size,sequence_length,frame_size])
48.        sess.run(train,feed_dict = {x: batch_x, y: batch_y})
49.        if step % display_step == 0:
50.            acc,loss = sess.run([accuracy,lost],feed_dict = {x: test_x, y: test_y})
51.            print("Step:", step, "Accuracy:", acc, "Loss:", loss)
52.        step += 1
```

**2. Keras 实现**

Keras 是建立在 TensorFlow 基础上,相对于 TensorFlow 来说更加简单容易上手,但自定义比较困难,实际上 Keras 和 TensorFlow 是互相集成的,二者可以和谐共处。Keras 的使用步骤如下。

(1) 导入必要的包,比较常用的有 Dense(全连接)、Activation(激活函数)等。

(2) 读数据,写参数。

(3) 搭建模型。Keras 简单在于初始化模型都是 model＝Sequential(),然后往上加网络层,最后加一个 model.compile 对模型进行编译。

（4）迭代训练。设置好迭代次数，用 model.fit 进行迭代，直至训练好模型。

（5）保存模型，将训练好的模型进行保存，方便下次直接调用而不用重复训练。

（6）进行预测。输入值，得到输出值，仅用 model.predict 函数就可以。

代码示例如下。

```
1.   #导入必要的包
2.   import numpy as np
3.   from keras.layers import Dense, Activation
4.   from keras.layers.recurrent import SimpleRNN
5.   from keras.models import Sequential
6.   from keras.utils.vis_utils import plot_model
7.
8.   #参数设定
9.   HIDDEN_SIZE = 128
10.  BATCH_SIZE = 128
11.  NUM_INTERATIONS = 25
12.  NUM_EPOCHS_PER_INTERATION = 1
13.  NUM_PREDS_PER_EPOCHS = 100
14.
15.  #建立模型
16.  model = Sequential()
17.  model.add(SimpleRNN(HIDDEN_SIZE, return_sequences = False, input_shape = (SQLLEN, chars_
     count), unroll = True))
18.  model.add(Dense(chars_count))
19.  model.add(Activation('softmax'))
20.  model.compile(loss = 'categorical_crossentropy', optimizer = 'rmsprop')
21.
22.  for itertion in range(NUM_INTERATIONS):
23.      print('Interation: % d' % itertion)
24.      model.fit(X, Y, batch_size = BATCH_SIZE, epochs = NUM_EPOCHS_PER_INTERATION)
25.      test_idx = np.random.randint(len(input_chars))
26.      test_chars = input_chars[test_idx]
27.      for i in range(NUM_PREDS_PER_EPOCHS):
28.          vec_test = np.zeros((1, SQLLEN, chars_count))
29.          for i, ch in enumerate(vec_test):
30.              vec_test[0, i, char2index[ch]] = 1
31.              pred = model.predict(vec_test, verbose = 0)[0]
32.              pred_char = index2char[np.argmax(pred)]
33.              test_chars = test_chars[1:] + pred_char
```

## 12.3.3　循环神经网络案例——航空旅客数量预测

航空旅客出行的情况对民用航空机场建设与运营具有重大意义，本案例主要涉及如何使用 LSTM 网络实现对航空旅客数量进行预测。数据集采用 Kaggle 提供的数据集，此数据集可以自行下载。

```
1.    # 导入所需的包
2.    import numpy
3.    import matplotlib.pyplot as plt
4.    from pandas import read_csv
5.    import math
6.    from keras.models import Sequential
7.    from keras.layers import Dense
8.    from keras.layers import LSTM
9.    from keras.layers import Bidirectional
10.   from sklearn.preprocessing import MinMaxScaler
11.   from sklearn.metrics import mean_squared_error
12.
13.   # 加载数据
14.   dataframe = read_csv('airline - passengers.csv', usecols = [1], engine = 'python')
15.   print("数据集的长度: ", len(dataframe))
16.   dataset = dataframe.values
17.   # 将整型变为 float
18.   dataset = dataset.astype('float32')
19.
20.   # X 是给定时间(t)的乘客人数, Y 是下一次(t + 1)的乘客人数.
21.   # 将值数组转换为数据集矩阵, look_back 是步长.
22.   def create_dataset(dataset, look_back = 1):
23.       dataX, dataY = [], []
24.       for i in range(len(dataset) - look_back - 1):
25.           a = dataset[i:(i + look_back), 0]
26.           # X 按照顺序取值
27.           dataX.append(a)
28.           # Y 向后移动一位取值
29.           dataY.append(dataset[i + look_back, 0])
30.       return numpy.array(dataX), numpy.array(dataY)
31.
32.   # 为了复现, 固定随机种子
33.   numpy.random.seed(7)
34.
35.   # 数据缩放
36.   scaler = MinMaxScaler(feature_range = (0, 1))
37.   dataset = scaler.fit_transform(dataset)
38.
39.   # 将数据拆分成训练和测试, 2/3 作为训练数据
40.   train_size = int(len(dataset) * 0.67)
41.   test_size = len(dataset) - train_size
42.   train, test = dataset[0:train_size, :], dataset[train_size:len(dataset), :]
43.   print("原始训练集的长度: ", train_size)
44.   print("原始测试集的长度: ", test_size)
45.
46.   # 构建监督学习型数据
47.   look_back = 1
```

```
48.    trainX, trainY = create_dataset(train, look_back)
49.    testX, testY = create_dataset(test, look_back)
50.    print("转为监督学习,训练集数据长度: ", len(trainX))
51.    print("转为监督学习,测试集数据长度: ",len(testX))
52.    # 数据重构为 3D [samples, time steps, features]
53.    trainX = numpy.reshape(trainX, (trainX.shape[0], 1, trainX.shape[1]))
54.    testX = numpy.reshape(testX, (testX.shape[0], 1, testX.shape[1]))
55.    print('构造得到模型的输入数据(训练数据已有标签 trainY): ',trainX.shape,testX.shape)
56.
57.    # 构建和拟合 LSTM 网络
58.    model = Sequential()
59.    model.add(Bidirectional(LSTM(4, input_shape = (1, look_back))))
60.    model.add(Dense(1))
61.    model.compile(loss = 'mean_squared_error', optimizer = 'adam')
62.    model.fit(trainX, trainY, epochs = 100, batch_size = 1, verbose = 2)
63.    model.summary()
64.
65.    # 预测
66.    trainPredict = model.predict(trainX)
67.    testPredict = model.predict(testX)
68.
69.    # 逆缩放预测值
70.    trainPredict = scaler.inverse_transform(trainPredict)
71.    trainY = scaler.inverse_transform([trainY])
72.    testPredict = scaler.inverse_transform(testPredict)
73.    testY = scaler.inverse_transform([testY])
74.
75.    # 计算误差
76.    trainScore = math.sqrt(mean_squared_error(trainY[0], trainPredict[:,0]))
77.    print('Train Score: %.2f RMSE' % (trainScore))
78.    testScore = math.sqrt(mean_squared_error(testY[0], testPredict[:,0]))
79.    print('Test Score: %.2f RMSE' % (testScore))
80.
81.    trainPredictPlot = numpy.empty_like(dataset)
82.    trainPredictPlot[:, :] = numpy.nan
83.    trainPredictPlot[look_back:len(trainPredict) + look_back, :] = trainPredict
84.
85.    testPredictPlot = numpy.empty_like(dataset)
86.    testPredictPlot[:, :] = numpy.nan
87.    testPredictPlot[len(trainPredict) + (look_back * 2) + 1:len(dataset) - 1, :] = testPredict
88.
89.    plt.plot(scaler.inverse_transform(dataset))
90.    plt.plot(trainPredictPlot)
91.    plt.plot(testPredictPlot)
92.    plt.show()
```

运行结果如图 12.19 所示。

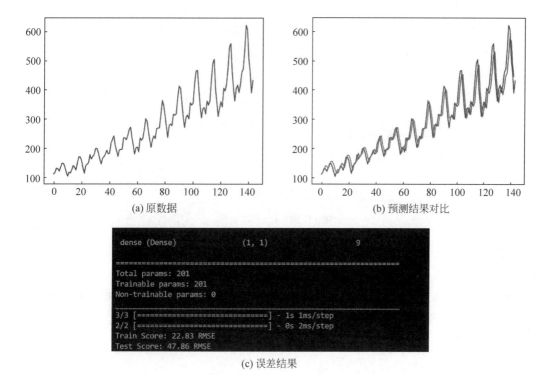

(a) 原数据　　　　　　　　　　　(b) 预测结果对比

(c) 误差结果

图 12.19　LSTM 预测结果

# 12.4　生成对抗网络

## 12.4.1　生成对抗网络原理简述

生成对抗网络(Generative Adversarial Networks,GAN)是由 Goodfellow 等于 2014 年提出的基于深度学习模型的生成框架,可用于多种生成任务,是目前最具前景的无监督学习方法之一。它通过框架中至少两个模块:生成模型 $G$(Generative Model)和判别模型 $D$(Discriminative Model)的互相博弈学习产生输出。为了描述简单,以图像生成为例:

(1) 生成网络(Generator)$G$ 用于生成图片,其输入是一个随机的噪声 $z$,通过这个噪声生成图片,记作 $G(z)$。

(2) 判别网络(Discriminator)$D$ 用于判别一张图片是否是真实的,对应的输入是一幅图片 $x$,其输出 $D(x)$ 表示图片 $x$ 为真实图片的概率。

在 GAN 框架的训练过程中,希望生成网络 $G$ 生成的图片尽量真实,能够欺骗过判别网络 $D$;而希望判别网络 $D$ 能够把 $G$ 生成的图片从真实图片中区分开。这样的一个过程就构成了一个动态的"博弈"。最终,GAN 希望能够使得训练好的生成网络 $G$ 生成的图片能够以假乱真,即对于判别网络 $D$ 来说,无法判断 $G$ 生成的网络是不是真实的。GAN 框架(如图 12.20 所示)以及数学表达式如下。

对于 GAN 网络,其价值函数 $V$ 为:

$$\min_{G} \max_{D} V(D,G) = E_{x \sim P_{\text{data}}(x)}\left[\log D(x)\right] + E_{x \sim P_z(z)}\left[\log(1 - D(G(z)))\right]$$

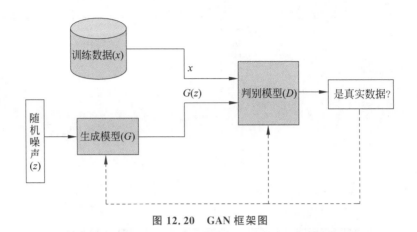

图 12.20　GAN 框架图

其中,$E_{x \sim P_{\text{data}}(x)}\big[\log D(x)\big]$表示 $\log D(x)$ 的期望,$E_{x \sim P_z(z)}\big[\log(1-D(G(z)))\big]$表示 $\log(1-D(G(z)))$ 的期望。

假设从真实数据中采样 $m$ 个样本 $\{x^{(1)}, x^{(2)}, \cdots, x^{(m)}\}$,从噪声分布中同样采样 $m$ 个样本 $\{z^{(1)}, z^{(2)}, \cdots, z^{(m)}\}$,此时价值函数 $V$ 可以近似表示为:

$$\min_G \ \max_D V(D,G) \approx \sum_{i=1}^{m}\big[\log D(x^{(i)})\big] + \sum_{i=1}^{m}\big[\log(1-D(G(z^{(i)})))\big]$$

化简后为:

$$\min_G \ \max_D V(D,G) \approx \sum_{i=1}^{m}\big[\log D(x^{(i)}) + \log(1-D(G(z^{(i)})))\big]$$

GAN 网络中判别器的构造是关键,如何构造判别器目前常用方法有:

(1) 随机噪声向量 $z$ 输入网络得到一个对应表示,约束条件输入网络得到另一个表示,这两种表示联合输入判别器,得到一个对应标量分数,可以用来判断生成的图片是否为真以及约束条件与生成图像是否匹配。

(2) 将生成的图像输入一个网络得到一个分数,以判断生成的图片是否为真;生成图片联合约束条件共同输入一个网络,此网络判断约束条件与生成图片是否吻合,这又会得到一个分数,比较两分数取最大值。此方法更符合我们的思维方式。

另外,对 GAN 网络的训练,还存在一些训练技巧,以提高网络的收敛。

(1) 生成器把判别器的中间层输出作为目标,尽量使生成样本的中间输出和真实样本的中间输出相似。

(2) Minibatch Discrimination(MD):判别器 $D$ 在判断当前传给它的样本是真是假的同时,不要只关注当前,也要关注其他的样本;MD 通过计算一个 Minibatch 中的样本,在判别器 $D$ 中某一层特征图之间的差异信息,作为 $D$ 中下一层的额外输出,以达到每个样本之间的信息交互的目的。

(3) Historical averaging(正则项):参数和它过去的时刻有关。

(4) 半监督学习:增加了一个类别 $K+1$,它表示 GAN 网络生成的图像在 $D$ 中加入一个图片类别预测。

GAN 网络的优缺点如下。

1）优点

任何一个可微分函数都可以参数化 $D$ 和 $G$（如深度神经网络）。

支持无监督方法实现数据生成，可减少数据标注工作。

生成模型 $G$ 的参数更新不是来自数据样本本身（不是对数据的似然性进行优化），而是来自判别模型 $D$ 的一个反向梯度传播。

能更好建模数据分布（图像更锐利、清晰）。

理论上，GAN 能训练任何一种生成网络。其他的框架需要生成网络有一些特定的函数形式，比如输出层是高斯的。

无须利用马尔可夫链反复采样，无须在学习过程中进行推断，没有复杂的变分下界，避开近似计算棘手的概率难题。

2）缺点

无须预先建模，数据生成的自由度太大。

输出结果是概率分布，但没有表达式，可解释性差。

$D$ 与 $G$ 训练无法同步，训练难度大，会产生梯度消失问题。

模型难以收敛，不稳定，生成器和判别器之间需要很好地同步，但在实际训练中很容易 $D$ 收敛，$G$ 发散，$D/G$ 的训练需要精心的设计。

模式缺失（Mode Collapse）问题。GAN 的学习过程可能出现模式缺失，生成器开始退化，总是生成同样的样本点，无法继续学习。

目前，GAN 网络最常出现的场景是用于图像生成、图像修复、图像风格迁移等（如图 12.21～图 12.23 所示）。

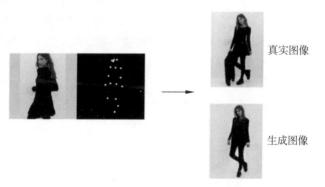

真实图像

生成图像

图 12.21　图像生成

彩图 12.21

图 12.22　图像修复

彩图 12.22

彩图 12.23

图 12.23　图像风格迁移

## 12.4.2　生成对抗网络案例——提高图像分辨率

日常生活中经常会遇到一个基本的视觉问题：如何实现图像的超分辨率，从低分辨率（LR）图像中恢复高分辨率（HR）图像。此问题在研究界和人工智能领域引起了越来越多的关注。自从 Dong 等提出 SRCNN 的先驱工作，深度卷积神经网络（CNN）方法迎来了繁荣的发展，各种网络体系结构的设计和训练策略不断地提高了超分辨率的性能，特别是峰值信噪比（PSNR）值。然而，这些面向 PSNR 的方法倾向于输出过渡平滑的结果，没有足够的高频细节。

目前已经提出了几种感知驱动的方法来提高超分辨率结果的视觉质量。例如，利用感知损失来优化特征空间而不是像素空间的超分辨率模型。将生成对抗网络引入超分辨率中，以鼓励网络支持那些看起来更像自然图像的解决方案，结合语义图像先验来改善恢复的纹理细节，其中 SRGAN 模型就是视觉上的里程碑之一。此模型由残差块建立，并在 GAN框架中使用感知损失进行优化。与所有这些技术相比，SRGAN 比面向 PSNR 的方法显著提高了重建的整体视觉质量。下面将详细介绍 GAN 网络在超分辨率方面的一个应用，完整的代码可参见附录。

本案例的主要设计思想：

SRGAN 基本架构如图 12.24 所示。

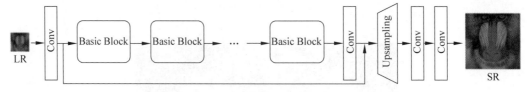

图 12.24　SRGAN 基本架构

生成网络结构如图 12.25 所示。图中删除了残差块中的 BN 层，这样可以提高性能，减少计算复杂性。用 RRDB 块替代基本框架中的 Basic Block，RRDB 块将多级残差网络与稠密连接结合在一起，提高网络性能，其中图中 $\beta$ 表示残差尺度参数。

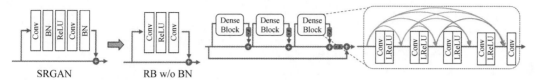

图 12.25 生成网络结构

判别器损失函数设计如下：

$$L_D^{\text{Ra}} = -E_{x_r}[\log(D_{R_a}(x_r, x_f))] - E_{x_f}[\log(1 - D_{R_a}(x_f, x_r))]$$

生成器的对抗损失函数如下：

$$L_G^{\text{Ra}} = -E_{x_r}[\log(1 - D_{R_a}(x_r, x_f))] - E_{x_f}[\log(D_{R_a}(x_f, x_r))]$$

其中，$E_{x_f}[\cdot]$表示所有最小块中假数据的均值算子，$x_f = G(x_i)$，$x_i$表示输入的低分辨率图像。

完整的生成器损失函数可以表示为：

$$L_G = L_{\text{percep}} + \lambda L_G^{\text{Ra}} + \eta L_1$$

其中，$L_{\text{percep}}$表示常见的感知函数，$L_1 = E_{x_i} \| G(x_i) - y \|_1$，$G(x_i)$是恢复图像，$y$是真实图像。

为了移除不满意的噪声，保留好的图像质量，网络插值设计思想如下。

首先训练一个基于 PSNR 网络 $G_{\text{PSNR}}$，然后通过细调获得一个 GAN 网络 $G_{\text{GAN}}$，对两个网络的参数实行插值，即 $\theta_G^{\text{INTERP}} = (1-\alpha)\theta_G^{\text{PSNR}} + \alpha\theta_G^{\text{GAN}}$。

核心代码如下。

```
1.    class ResidualDenseBlock_5C(nn.Module):
2.        def __init__(self, nf = 64, gc = 32, bias = True):
3.            super(ResidualDenseBlock_5C, self).__init__()
4.            # gc: growth channel, i.e. intermediate channels
5.            self.conv1 = nn.Conv2d(nf, gc, 3, 1, 1, bias = bias)
6.            self.conv2 = nn.Conv2d(nf + gc, gc, 3, 1, 1, bias = bias)
7.            self.conv3 = nn.Conv2d(nf + 2 * gc, gc, 3, 1, 1, bias = bias)
8.            self.conv4 = nn.Conv2d(nf + 3 * gc, gc, 3, 1, 1, bias = bias)
9.            self.conv5 = nn.Conv2d(nf + 4 * gc, nf, 3, 1, 1, bias = bias)
10.           self.lrelu = nn.LeakyReLU(negative_slope = 0.2, inplace = True)
11.
12.           # initialization
13.   # multi.initialize_weights([self.conv1, self.conv2, self.conv3, self.conv4, self.
      conv5], 0.1)
14.
15.       def forward(self, x):
16.           x1 = self.lrelu(self.conv1(x))
17.           x2 = self.lrelu(self.conv2(torch.cat((x, x1), 1)))
18.           x3 = self.lrelu(self.conv3(torch.cat((x, x1, x2), 1)))
19.           x4 = self.lrelu(self.conv4(torch.cat((x, x1, x2, x3), 1)))
20.           x5 = self.conv5(torch.cat((x, x1, x2, x3, x4), 1))
```

```
21.          return x5 * 0.2 + x
22.
23.
24. class RRDB(nn.Module):
25.      '''Residual in Residual Dense Block'''
26.
27.      def __init__(self, nf, gc = 32):
28.          super(RRDB, self).__init__()
29.          self.RDB1 = ResidualDenseBlock_5C(nf, gc)
30.          self.RDB2 = ResidualDenseBlock_5C(nf, gc)
31.          self.RDB3 = ResidualDenseBlock_5C(nf, gc)
32.
33.      def forward(self, x):
34.          out = self.RDB1(x)
35.          out = self.RDB2(out)
36.          out = self.RDB3(out)
37.          return out * 0.2 + x
38.
39.
40. class RRDBNet(nn.Module):
41.      def __init__(self, in_nc, out_nc, nf, nb, gc = 32):
42.          super(RRDBNet, self).__init__()
43.          RRDB_block_f = functools.partial(RRDB, nf = nf, gc = gc)
44.
45.          self.conv_first = nn.Conv2d(in_nc, nf, 3, 1, 1, bias = True)
46.          self.RRDB_trunk = make_layer(RRDB_block_f, nb)
47.          self.trunk_conv = nn.Conv2d(nf, nf, 3, 1, 1, bias = True)
48.          # # # # upsampling
49.          self.upconv1 = nn.Conv2d(nf, nf, 3, 1, 1, bias = True)
50.          self.upconv2 = nn.Conv2d(nf, nf, 3, 1, 1, bias = True)
51.          self.HRconv = nn.Conv2d(nf, nf, 3, 1, 1, bias = True)
52.          self.conv_last = nn.Conv2d(nf, out_nc, 3, 1, 1, bias = True)
53.
54.          self.lrelu = nn.LeakyReLU(negative_slope = 0.2, inplace = True)
55.
56.      def forward(self, x):
57.          fea = self.conv_first(x)
58.          trunk = self.trunk_conv(self.RRDB_trunk(fea))
59.          fea = fea + trunk
60.
61.          fea = self.lrelu(self.upconv1(F.interpolate(fea, scale_factor = 2, mode =
             'nearest')))
62.          fea = self.lrelu(self.upconv2(F.interpolate(fea, scale_factor = 2, mode =
             'nearest')))
63.          out = self.conv_last(self.lrelu(self.HRconv(fea)))
64.
65.          return out
```

运行结果图 12.26 所示。

(a) 原分辨率62×90

(b) 超分辨率248×360

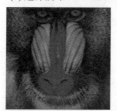

(c) 原分辨率125×120

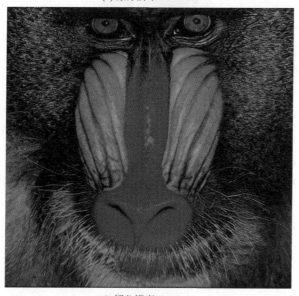

(d) 超分辨率500×480

图 12.26　SRGAN 模型运行结果

## 🔑 12.5　概率图模型

### 12.5.1　概率图模型简述

概率图模型(Probabilistic Graphical Model,PGM),简称图模型(Graphical Model,GM),是指一种用图结构来描述多元随机变量之间条件独立性的概率模型。它提出的背景是为了更好研究复杂联合概率分布的数据特征,假设一些变量满足条件独立性。概率图模型有三个基本问题,如图 12.27 所示。

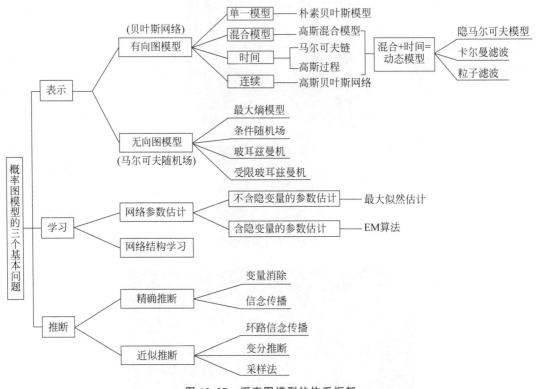

图 12.27　概率图模型的体系框架

(1) 表示问题:概率图模型的表示是指用图结构来描述变量之间的依赖关系,研究如何利用概率网络中的独立性来简化联合概率分布的方法表示。常见的概率图模型可以分为两类:有向图模型和无向图模型。

◆ 有向图模型(Directed Graphical Model),也称为贝叶斯网络(Bayesian Network)或信念网络(Belief Network,BN),是一类用有向图来描述随机向量概率分布的模型,其联合概率分布可以分解为每个随机变量 $x_k$ 的局部条件概率的乘积形式:

$$p(x) = p(x_1, x_2, \cdots, x_k) = \prod_{i=1}^{k} p(x_i \mid x_{\mathrm{parent}(i)})$$

贝叶斯网络的条件独立性体现为三种形式:tail-to-tail,head-to-tail,head-to-head。很多经典的机器学习模型均可用有向图模型来描述,比如朴素贝叶斯分类器、隐马尔可夫模型、深度信念网络等。

◆ 无向图模型,也称为马尔可夫随机场(Markov Random Field,MRF)或马尔可夫网络(Markov Network),是一类用无向图来描述一组具有局部马尔可夫性质的随机向量的联合概率分布的模型,它的联合概率分布由 Hammersley Clifford 定理保证,能够因子分解为定义在最大团上的正函数的乘积:

$$p(x) = \frac{1}{Z} \prod_{c \in C_G} \phi(x_c) = \frac{1}{Z} \prod_{c \in C_G} \exp\{- E(x_c)\} = \frac{1}{Z} \exp\left(- \sum_{c \in C_G} E(x_c)\right)$$

其中,$E(x_c)$ 表示物理上的能量函数。马尔可夫随机场的条件独立性体现在局部马尔可夫性、全局马尔可夫性和成对马尔可夫性,三者是相互等价的。常见的无向图模型有最大熵模型、条件随机场、玻耳兹曼机、受限玻耳兹曼机等。

(2)学习问题:图模型的学习包括图结构的学习和参数的学习。

(3)推断问题:在已知部分变量时,计算其他变量的条件概率分布,包含精确推断包括(变量消除法,信念传播算法),近似推断包括(环路信念传播,变分推断,采样法)。

## 12.5.2 高斯混合模型概述

由于概率图模型众多,本节主要介绍概率图模型中最具代表性的高斯混合模型(Gaussian Mixture Model,GMM),它是一个由若干的基于高斯概率密度函数形成的模型,属于生成模型。从几何角度,GMM 是多个高斯分布叠加而成的加权平均的结果;从混合模型角度,每个样本是从某个高斯分布抽样得到的,若直接利用最大似然估计无法求解高斯混合模型,需利用 EM 算法求解 GMM。另外,假设 $k$ 个高斯分布组成的 GMM,求解参数有 $3k$ 个,即每个高斯分布的抽样概率,每个高斯分布的均值和协方差矩阵。高斯混合模型可以视为 K-means 模型的一个优化,它既是一种工业界常用的技术手段,也是一种生成式模型。高斯混合模型试图找到多维高斯模型概率分布的混合表示,从而拟合出任意形状的数据分布。高斯混合模型具有如下形式的概率分布模型:

$$p(x \mid \theta) = \sum_{k=1}^{K} \alpha_k \phi(x \mid \theta_k)$$

其中,$\alpha_k$ 是系数,且 $\alpha_k \geqslant 0, \sum_{k=1}^{K} \alpha_k = 1, \phi(x \mid \theta_k)$ 是高斯分布密度,$\theta_k = (\mu_k, \sigma_k^2)$。

当随机变量 $x$ 为一维数据时,第 $k$ 个分模型可表示为:

$$\phi(x \mid \theta_k) = \frac{1}{\sqrt{2\pi}\sigma_k} \exp\left(\frac{(x - \mu_k)^2}{2\sigma_k^2}\right)$$

高斯混合模型的似然函数可以表示为:

$$L(\theta) = \prod_{i=1}^{n} p(x^{(i)} \mid \theta) = \prod_{i=1}^{n} \sum_{k=1}^{K} \alpha_k \phi(x^{(i)} \mid \mu_k; \sigma_k)$$

$$= \prod_{i=1}^{n} \sum_{k=1}^{K} p(z^{(i)} = k \mid \theta) p(x^{(i)} \mid z^{(i)} = k; \theta)$$

$$= \prod_{i=1}^{n} \sum_{k=1}^{K} p(x^{(i)}, z^{(i)} = k \mid \theta)$$

目标函数表示为:

$$\theta = \arg\max_{\theta}\ln L(\theta)$$

GMM 通过求随机变量数据 $x$ 的边缘概率来得到似然函数,常见求解算法是 EM 算法。高斯混合模型应用十分广泛,例如密度估计、聚类和图像分割。对于密度估计,GMM 可用于估计一组数据点的概率密度函数。对于聚类,GMM 可用于将来自相同高斯分布的数据点组合在一起。对于图像分割,GMM 可用于将图像划分为不同的区域。高斯混合模型还可用于识别客户群、检测欺诈活动和聚类图像。在这些应用中,它能够识别数据中不太明显的聚类数据。因此,高斯混合模型是一种强大的数据分析工具,可以考虑用于任何聚类任务。

高斯混合模型的构建需要考虑三个方面如下。

(1) 确定定义每个高斯分布的相互关联的协方差矩阵。两个高斯分布越相似,它们的均值就越接近,反之亦然,如果它们在相似性方面彼此相距很远。高斯混合模型可以具有对角线或对称的协方差矩阵。

(2) 确定每组中的高斯分布有多少簇。

(3) 选择如何使用高斯混合模型优化分离数据的超参数,以及决定每个高斯分布的协方差矩阵是对角线的还是对称的。

### 12.5.3　高斯混合模型案例——图像分割

GMM 与聚类一样属于无监督学习统计模型,可用来拟合数据的分布特征,这里我们主要介绍运用 GMM 模型进行图像分割案例。只要我们输入图片便可以直接进行分割,包括普通光学图像、微波图像、SAR 图像、遥感图像等。下面以输入彩色图片进行分割为例,主要代码如下。

```
1.   import os
2.   from scipy import io
3.   from scipy.stats import norm
4.   import numpy as np
5.   import PIL.Image as Image
6.   import matplotlib.pyplot as plt
7.   from scipy.stats import multivariate_normal
8.
9.   plot_dir = 'EM_out'
10.  if os.path.exists(plot_dir) == 0:
11.      os.mkdir(plot_dir)
12.
13.  # 数据加载与解析
14.  src_image = Image.open('face.bmp')
15.  RGB_img = np.array(src_image)
16.  Gray_img = np.array(src_image.convert('L'))
17.  sample = np.reshape(Gray_img,(-1,1))/256
18.  Gray_ROI = Gray_img/255
19.  RGB_sample = np.reshape(RGB_img,(-1,3))/256
```

```
20.    RGB_ROI = RGB_img/255
21.    # 通过 mask,获取 ROI 区域
22.    # Gray_ROI = (Gray_img * mask)/256
23.    # RGB_mask = np.array([mask, mask, mask]).transpose(1, 2, 0)
24.    # RGB_ROI = (RGB_img * RGB_mask)/255
25.
26.    # 假设两类数据初始占比相同,即先验概率相同
27.    P_pre1 = 0.5
28.    P_pre2 = 0.5
29.
30.    # 假设每个数据来自两类的初始概率相同,即软标签相同
31.    soft_guess1 = 0.5
32.    soft_guess2 = 0.5
33.
34.    # 修改 2: 图像类型选择
35.    gray_status = False        # 灰度图像分割,打开这个开关
36.    # gray_status = True        # 彩色图像分割,打开这个开关
37.
38.    # 一维时的 EM
39.
40.    if gray_status:
41.        # 观察图像,估计初始值
42.        gray1_m = 0.5
43.        gray1_s = 0.1
44.        gray2_m = 0.8
45.        gray2_s = 0.3
46.
47.        # 绘制 PDF
48.        x = np.arange(0, 1, 1/1000)
49.        gray1_pdf = norm.pdf(x, gray1_m, gray1_s)
50.        gray2_pdf = norm.pdf(x, gray2_m, gray2_s)
51.        plt.figure(0)
52.        ax = plt.subplot(1, 1, 1)
53.        ax.plot(x, gray1_pdf, 'r', x, gray2_pdf, 'b')
54.        ax.set_title('supposed PDF')
55.        plt.figure(1)
56.        ax1 = plt.subplot(1, 1, 1)
57.        ax1.imshow(Gray_img, cmap = 'gray')
58.        ax1.set_title('gray ROI')
59.        plt.show()
60.
61.        gray = np.zeros((len(sample), 5))
62.        gray_s_old = gray1_s + gray2_s
63.
64.        # 迭代更新参数
65.        for epoch in range(10):
66.            for i in range(len(sample)):
67.                soft_guess1 = (P_pre1 * norm.pdf(sample[i],gray1_m,gray1_s))/ (P_pre1 *
                   norm.pdf(sample[i],gray1_m,gray1_s) + P_pre2 * norm.pdf(sample[i], gray2_
                   m, gray2_s))
```

```
68.              soft_guess2 = 1 - soft_guess1
69.              gray[i][0] = sample[i]
70.              gray[i][1] = soft_guess1 * 1
71.              gray[i][2] = soft_guess2 * 1
72.              gray[i][3] = soft_guess1 * sample[i]
73.              gray[i][4] = soft_guess2 * sample[i]
74.          gray1_num = sum(gray)[1]
75.          gray2_num = sum(gray)[2]
76.          gray1_m = sum(gray)[3]/gray1_num
77.          gray2_m = sum(gray)[4]/gray2_num
78.
79.          sum_s1 = 0.0
80.          sum_s2 = 0.0
81.
82.          for i in range(len(gray)):
83.              sum_s1 = sum_s1 + gray[i][1] * (gray[i][0] - gray1_m) * (gray[i][0] -
                 gray1_m)
84.              sum_s2 = sum_s2 + gray[i][2] * (gray[i][0] - gray2_m) * (gray[i][0] -
                 gray2_m)
85.          gray1_s = pow(sum_s1/gray1_num, 0.5)
86.          gray2_s = pow(sum_s2/gray2_num, 0.5)
87.
88.          # print(gray1_m, gray2_m, gray1_s, gray2_s)
89.          P_pre1 = gray1_num/(gray1_num + gray2_num)
90.          P_pre2 = 1 - P_pre1
91.
92.          gray1_pdf = norm.pdf(x, gray1_m, gray1_s)
93.          gray2_pdf = norm.pdf(x, gray2_m, gray2_s)
94.          gray_s_d = abs(gray_s_old - gray2_s - gray1_s)
95.          gray_s_old = gray2_s + gray1_s
96.
97.          # 绘制更新参数后的 PDF
98.          plt.figure(2)
99.          ax2 = plt.subplot(1, 1, 1)
100.         ax2.plot(x, gray1_pdf, 'r', x, gray2_pdf, 'b')
101.         ax2.set_title('epoch' + str(epoch + 1) + ' PDF')
102.         plt.savefig(plot_dir + '//' + 'PDF_' + str(epoch + 1) + '.jpg', dpi = 100)
103.         plt.close()
104.         # plt.show()
105.
106.         if epoch % 1 == 0:
107.             gray_out = np.zeros_like(Gray_img)
108.             for i in range(len(Gray_ROI)):
109.                 for j in range(len(Gray_ROI[0])):
110.                     if Gray_ROI[i][j] == 0:
111.                         continue
112.                     elif P_pre1 * norm.pdf(Gray_ROI[i][j], gray1_m, gray1_s) > P_pre2 *
                         norm.pdf(Gray_ROI[i][j], gray2_m, gray2_s):
113.                         gray_out[i][j] = 100
114.                     else:
```

```
115.                        gray_out[i][j] = 255
116.                # 显示分割结果
117.                plt.figure(3)
118.                ax3 = plt.subplot(1, 1, 1)
119.                ax3.imshow(gray_out, cmap = 'gray')
120.                ax3.set_title('epoch' + str(epoch + 1) + 'gray segment')
121.                plt.savefig(plot_dir + '//' + 'Gray_segment_' + str(epoch + 1) + '.jpg',
                    dpi = 100)
122.                plt.close()
123.                plt.show()
124.
125. # 三维时的 EM
126. # -------------------------------------- #
127. else:
128.     RGB1_m = np.array([0.5, 0.5, 0.5])
129.     RGB2_m = np.array([0.8, 0.8, 0.8])
130.     RGB1_cov = np.array([[0.1, 0.05, 0.04],
131.                          [0.05, 0.1, 0.02],
132.                          [0.04, 0.02, 0.1]])
133.     RGB2_cov = np.array([[0.1, 0.05, 0.04],
134.                          [0.05, 0.1, 0.02],
135.                          [0.04, 0.02, 0.1]])
136.
137.     RGB = np.zeros((len(RGB_sample), 11))
138.
139.     # 显示彩色 ROI
140.     plt.figure(3)
141.     cx = plt.subplot(1, 1, 1)
142.     cx.set_title('RGB ROI')
143.     cx.imshow(RGB_img)
144.     plt.show()
145.     # 迭代更新参数
146.     for epoch in range(20):
147.         for i in range(len(RGB_sample)):
148.             soft_guess1 = P_pre1 * multivariate_normal.pdf(RGB_sample[i], RGB1_m,
                    RGB1_cov)/(P_pre1 * multivariate_normal.pdf(RGB_sample[i], RGB1_m, RGB1_
                    cov) + P_pre2 * multivariate_normal.pdf(RGB_sample[i], RGB2_m, RGB2_cov))
149.             soft_guess2 = 1 - soft_guess1
150.             RGB[i][0:3] = RGB_sample[i]
151.             RGB[i][3] = soft_guess1 * 1
152.             RGB[i][4] = soft_guess2 * 1
153.             RGB[i][5:8] = soft_guess1 * RGB_sample[i]
154.             RGB[i][8:11] = soft_guess2 * RGB_sample[i]
155.
156.         # 根据软标签,再借助最大似然估计出类条件概率 PDF 参数——均值,标准差
157.         RGB1_num = sum(RGB)[3]
158.         RGB2_num = sum(RGB)[4]
159.         RGB1_m = sum(RGB)[5:8]/RGB1_num
160.         RGB2_m = sum(RGB)[8:11]/RGB2_num
```

```
161.
162.            cov_sum1 = np.zeros((3, 3))
163.            cov_sum2 = np.zeros((3, 3))
164.
165.            for i in range(len(RGB)):
166.                cov_sum1 = cov_sum1 + RGB[i][3] * np.dot((RGB[i][0:3] - RGB1_m).reshape
                       (3, 1), (RGB[i][0:3] - RGB1_m).reshape(1, 3))
167.                cov_sum2 = cov_sum2 + RGB[i][4] * np.dot((RGB[i][0:3] - RGB2_m).reshape
                       (3, 1), (RGB[i][0:3] - RGB2_m).reshape(1, 3))
168.            RGB1_cov = cov_sum1/(RGB1_num - 1)
169.            RGB2_cov = cov_sum2/(RGB2_num - 1)
170.
171.            P_pre1 = RGB1_num/(RGB1_num + RGB2_num)
172.            P_pre2 = 1 - P_pre1
173.
174.            print(RGB1_cov, P_pre1)
175.
176.            # 用贝叶斯对彩色图像进行分割
177.
178.            RGB_out = np.zeros_like(RGB_ROI)
179.
180.            for i in range(len(RGB_ROI)):
181.                for j in range(len(RGB_ROI[0])):
182.                    if np.sum(RGB_ROI[i][j]) == 0:
183.                        continue
184.                    elif P_pre1 * multivariate_normal.pdf(RGB_ROI[i][j], RGB1_m, RGB1_
                           cov) > P_pre2 * multivariate_normal.pdf(RGB_ROI[i][j], RGB2_m, RGB2_
                           cov):
185.                        RGB_out[i][j] = [255, 0, 0]
186.                    else:
187.                        RGB_out[i][j] = [0, 255, 0]
188.            # 显示彩色分割结果
189.            plt.figure(4)
190.            ax3 = plt.subplot(1, 1, 1)
191.            ax3.imshow(RGB_out)
192.            ax3.set_title('epoch' + str(epoch + 1) + 'RGB segment')
193.            plt.savefig(plot_dir + '//' + 'RGB_segment_' + str(epoch + 1) + '.jpg', dpi = 100)
194.            plt.close()
```

运行结果如图 12.28 所示。

另外,GMM 模型因其优秀的聚类表现,以及可以生产样本的强大功能,在风控领域的应用非常广泛,比如对反欺诈中的欺诈样本抓取与生成、模型迭代中的幸存者偏差等问题都有一定的作用,它可以先通过 GMM 模型对欺诈样本进行聚类,再将聚类后得到的簇作为同一类欺诈手段,后续只针对不同的簇进行建模,在实践中对欺诈客户的召回有很好的效果。

(a) 原图　　　　　　　　　(b) 分割结果

(c) 原图　　　　　　　　　(d) 分割结果

图 12.28　GMM 运行结果

彩图 12.28

# 12.6　知识扩展

深度学习(DL)是机器学习(ML)领域中的一个新研究方向,它被引入机器学习使其更接近于最初的目标——人工智能(Artificial Intelligence,AI)。深度学习在搜索技术、数据挖掘、机器学习、机器翻译、自然语言处理、多媒体学习、语音、推荐和个性化技术,以及其他相关领域都取得了很多成果。深度学习使机器模仿视听和思考等类的活动,解决了很多复杂的模式识别难题,使得人工智能相关技术取得了很大进步。然而,深度学习的可解释性较差,需要更多算力来支撑,所需样本量较大。因此,开发快速深度学习算法,如何运用少样本学习,以及提高深度学习的可解释性是未来的重要研究内容。

# 12.7　习题

1. 简述 CNN 框架。
2. 列举常见的池化技术,并说明其优缺点。
3. 分组讨论池化层中池化技术的反向传播方法。
4. 简述 RNN 网络结构的组成。
5. 阐述使用 TensorFlow 实现 RNN 的简要步骤。
6. 如何构造 GAN 网络判别器?
7. 阐述 GAN 网络的优缺点。
8. 请解释概率图模型的三个基本问题。
9. 构建 GMM 模型时需要考虑哪些问题?
10. 自行分组构建 CNN、RNN、GAN 以及概率图模型解决一个实际应用案例。

# 参 考 文 献

[1] 米歇尔.机器学习[M].曾华军,张银奎,等译.北京：机械工业出版社,2002：30.

[2] 李永华.机器学习案例(Python 版)[M].北京：清华大学出版社,2021：100.

[3] 洪松林.机器学习技术与实战：医学大数据深度应用[M].北京：机械工业出版社,2018：85.

[4] Likas A,Vlassis N,Verbeek J J. The global k-means clustering algorithm[J]. Pattern recognition, 2003,36(2)：451-461.

[5] Krishna K,Murty M N. Genetic K-means algorithm[J]. IEEE Transactions on Systems,Man,and Cybernetics,Part B (Cybernetics),1999,29(3)：433-439.

[6] Borlea I D,Precup R E,Borlea A B,et al. A unified form of fuzzy C-means and K-means algorithms and its partitional implementation[J]. Knowledge-Based Systems,2021,214：106731.

[7] Huang S,Kang Z,Xu Z,et al. Robust deep k-means：An effective and simple method for data clustering[J]. Pattern Recognition,2021,117：107996.

[8] Charbuty B,Abdulazeez A. Classification based on decision tree algorithm for machine learning[J]. Journal of Applied Science and Technology Trends,2021,2(01)：20-28.

[9] Zhou H F,Zhang J W,Zhou Y Q,et al. A feature selection algorithm of decision tree based on feature weight[J]. Expert Systems with Applications,2021,164：113842.

[10] Uddin M P,Mamun M A,Hossain M A. PCA-based feature reduction for hyperspectral remote sensing image classification[J]. IETE Technical Review,2021,38(4)：377-396.

[11] Anowar F,Sadaoui S,Selim B. Conceptual and empirical comparison of dimensionality reduction algorithms (pca,kpca,lda,mds,svd,lle,isomap,le,ica,t-sne)[J]. Computer Science Review,2021, 40：100378.

[12] Montgomery D C,Peck E A,Vining G G. Introduction to linear regression analysis[M]. John Wiley & Sons,2021：20-45.

[13] Liu Y,Sun P,Wergeles N,et al. A survey and performance evaluation of deep learning methods for small object detection[J]. Expert Systems with Applications,2021,172：114602.

[14] Ouahabi A,Taleb-Ahmed A. Deep learning for real-time semantic segmentation：Application in ultrasound imaging[J]. Pattern Recognition Letters,2021,144：27-34.

[15] Yue S. Human motion tracking and positioning for augmented reality[J]. Journal of Real-Time Image Processing,2021,18(2)：357-368.

[16] Zhang J,Yang G,Tulsiani S,et al. NeRS：Neural reflectance surfaces for sparse-view 3d reconstruction in the wild[J]. Advances in Neural Information Processing Systems,2021,34：29835-29847.

[17] Zhang S,Chen M,Chen J,et al. Multimodal feature-wise co-attention method for visual question answering[J]. Information Fusion,2021,73：1-10.

[18] Pareek P,Thakkar A. A survey on video-based human action recognition：recent updates,datasets, challenges,and applications[J]. Artificial Intelligence Review,2021,54(3)：2259-2322.

[19] Baevski A,Hsu W N,Conneau A,et al. Unsupervised speech recognition[J]. Advances in Neural Information Processing Systems,2021,34：27826-27839.

[20] 文志诚,曹春丽,周浩.基于朴素贝叶斯分类器的网络安全态势评估方法[J].计算机应用,2015, 35(8)：2164-2168.

[21] 李勇,郑唯加.基于朴素贝叶斯分类器的垃圾分类系统[J].辽宁工业大学学报：自然科学版,2021, 41(1)：4.

［22］ 崔洪军,赵锐,朱敏清,等.基于朴素贝叶斯分类器的乘客出行属性分析[J].科学技术与工程,2020,20(11)：5.

［23］ 马文,陈庚,李昕洁,等.基于朴素贝叶斯算法的中文评论分类[J].计算机应用,2021,41(S02)：31-35.

［24］ 李文丽.基于朴素贝叶斯分类的网络谣言识别研究[J].计算机工程与科学,2022,44(03)：495-501.

［25］ 杨超,李卫民.朴素贝叶斯小样本金融客户分类方法与分类偏好研究[J].小型微型计算机系统,2021,3：491-495.

［26］ 许英姿,任俊玲.基于改进的加权补集朴素贝叶斯物流新闻分类[J].计算机工程与设计,2022,1：179-185.

［27］ 陈鹏,郭小燕.基于 Adaboost 与朴素贝叶斯的农业短文本信息分类[J].软件,2020,41(9)：6.

［28］ 李琪阳,董雷.基于朴素贝叶斯的物联网设备指纹算法[J].电子设计工程,2021,21：155-158.

［29］ 樊顺星,李楚进,沈澳.不平衡数据分类的类依赖属性加权朴素贝叶斯算法改进[J].应用数学,2022,35(2)：463-468.

［30］ Soria D,Garibaldi J M,Ambrogi F,et al. A nonparametric version of the naive Bayes classifier[J]. Knowledge-Based Systems,2011,24(6)：775-784.

［31］ Abbas M,Memon K A,Jamali A A,et al. Multinomial Naive Bayes classification model for sentiment analysis[J]. IJCSNS Int. J. Comput. Sci. Netw. Secur,2019,19(3)：62.

［32］ Wood A,Shpilrain V,Najarian K,et al. Private naive bayes classification of personal biomedical data：Application in cancer data analysis[J]. Computers in biology and medicine,2019,105：144-150.

［33］ Mughal M O,Kim S. Signal classification and jamming detection in wide-band radios using Naïve Bayes classifier[J]. IEEE Communications Letters,2018,22(7)：1398-1401.

［34］ Jayachitra S,Prasanth A. Multi-feature analysis for automated brain stroke classification using weighted Gaussian naïve Bayes classifier[J]. Journal of Circuits, Systems and Computers,2021,30(10)：2150178.

［35］ Chen H,Hu S,Hua R,et al. Improved naive Bayes classification algorithm for traffic risk management[J]. EURASIP Journal on Advances in Signal Processing,2021,1：1-12.

［36］ Gautam J,Atrey M,Malsa N,et al. Twitter data sentiment analysis using naive bayes classifier and generation of heat map for analyzing intensity geographically[M]//Advances in Applications of Data-Driven Computing. Singapore：Springer,2021：129-139.

［37］ Rrmoku K,Selimi B,Ahmedi L. Application of Trust in Recommender Systems-Utilizing Naive Bayes Classifier[J]. Computation,2022,10(1)：6.

［38］ Sethi J K,Mittal M. Efficient weighted naive bayes classifiers to predict air quality index[J]. Earth Science Informatics,2022,15(1)：541-552.

［39］ Amini I,Jing Y,Chen T. Adaptive Naive Bayes Classifier Based Filter Using Kernel Density Estimation for Pipeline Leakage Detection[J]. IEEE Transactions on Control Systems Technology,2022,31(1)：426-433.

［40］ Islam R,Devnath M K,Samad M D,et al. GGNB：Graph-based Gaussian naive Bayes intrusion detection system for CAN bus[J]. Vehicular Communications,2022,33：100442.

［41］ 何小年,段风华.基于 Python 的线性回归案例分析[J].微型电脑应用.2022,38(11)：35-37.

［42］ 张涵夏.适用于线性回归和逻辑回归的场景分析[J].自动化与仪器仪表,2022,(10)：1-4,8.

［43］ 吕由,吴文渊.隐私保护线性回归方案与应用[J].计算机科学,2022,49(09)：318-325.

［44］ 徐丹丹.基于多元线性回归模型与 BP 神经网络的西安市房价预测对比研究[J].房地产世界,2022,8：11-13.

［45］ 朱海龙,李萍萍.基于岭回归和 LASSO 回归的安徽省财政收入影响因素分析[J].江西理工大学学报,2022,43(01)：59-65.

[46] 李也. 张量聚类和回归建模及其在消费行为分析上的应用研究[D]. 上海:上海交通大学,2020.

[47] Hoerl A E, Kennard R W. Ridge regression: applications to nonorthogonal problems [J]. Technometrics,1970,12(1):69-82.

[48] Hans C. Bayesian lasso regression[J]. Biometrika,2009,96(4):835-845.

[49] Kim A, Song Y, Kim M, et al. Logistic regression model training based on the approximate homomorphic encryption[J]. BMC Medical Genomics,2018,11(4):23-31.

[50] Bickel P J, Li B, Tsybakov A B, et al. Regularization in statistics[J]. Test,2006,15(2):271-344.

[51] Hansen P C. The truncatedsvd as a method for regularization[J]. BIT Numerical Mathematics,1987, 27(4):534-553.

[52] 蔡颖凯,张冶,曹世龙,等. 基于决策树算法的短期电力负荷大数据预测模型[J]. 制造业自动化, 2022,44(06):152-155,182.

[53] 赖锦柏. 大数据下基于决策树算法的企业客户关系管理研究[J]. 经济研究导刊,2022,(09):8-10,41.

[54] 王雅辉,钱宇华,刘郭庆. 基于模糊优势互补互信息的有序决策树算法[J]. 计算机应用. 2021,41 (10):2785-2792.

[55] J Ross Quinlan. Induction of Decision Trees. Machine Learning,1986,1(1):81-106.

[56] Charbuty B, Abdulazeez A. Classification based on decision tree algorithm for machine learning[J]. Journal of Applied Science and Technology Trends,2021,2(01):20-28.

[57] Lu H, Ma X. Hybrid decision tree-based machine learning models for short-term water quality prediction[J]. Chemosphere,2020,249:126169.

[58] Li X, Yi S, Cundy A B, et al. Sustainable decision-making for contaminated site risk management: A decision tree model using machine learning algorithms[J]. Journal of Cleaner Production,2022, 371:133612.

[59] Li M, Xu H, Deng Y. Evidential decision tree based on belief entropy[J]. Entropy,2019,21(9):897.

[60] Monks G, Rivera-Oyola R, Lebwohl M. The psoriasis decision tree[J]. The Journal of Clinical and Aesthetic Dermatology,2021,14(4):14.

[61] 宋鹏. 基于密度的聚类算法研究与应用[D]. 江苏:江南大学,2022:54-67.

[62] 孙林,秦小营,徐久成,等. 基于 K 近邻和优化分配策略的密度峰值聚类算法[J]. 软件学报. 2022, 33(04):1390-1411.

[63] 陈中,王杰贵,唐希雯,等. 基于 K 近邻算法的来波方向估计方法[J]. 探测与控制学报,2022, 44(01):24-28.

[64] Thomas M Cover, Peter E Hart. Nearest Neighbor Pattern Classification. IEEE Transactions on Information Theory,1967,13(1):21-27.

[65] Trstenjak B, Mikac S, Donko D. KNN with TF-IDF based framework for text categorization[J]. Procedia Engineering,2014,69:1356-1364.

[66] Shaban W M, Rabie A H, Saleh A I, et al. A new COVID-19 Patients Detection Strategy (CPDS) based on hybrid feature selection and enhanced KNN classifier[J]. Knowledge-Based Systems,2020, 205:106270.

[67] Chen Y, Hu X, Fan W, et al. Fast density peak clustering for large scale data based on KNN[J]. Knowledge-Based Systems,2020,187:104824.

[68] Zhang S. Cost-sensitive KNN classification[J]. Neurocomputing,2020,391:234-242.

[69] Shokrzade A, Ramezani M, Tab F A, et al. A novel extreme learning machine based kNN classification method for dealing with big data[J]. Expert Systems with Applications,2021, 183:115293.

[70] Mour-Miranda J, Bokde A, Born C, et al. Classifying brain states and determining the discriminating activation patterns: Support Vector Machine on functional MRI data. [J]. Neuroimage,2005,28(4):

980-995.

[71] Liao C, Li S, Luo Z. Gene Selection Using Wilcoxon Rank Sum Test and Support Vector Machine for Cancer Classification [C]//International Conference on Computational and Information Science. Heidelberg: Springer,2006.

[72] Breiman L. Random Forests. Machine Learning. 2001,45: 5-35.

[73] Liu Z H, Xiong H L. Object Detection and Localization Based on Random Forest[J]. Computer Engineering,2012,38(13): 5-8.

[74] Wang P, Zhang N. Decision tree classification algorithm for non-equilibrium data set based on random forests[J]. Journal of intelligent & fuzzy systems: Applications in Engineering and Technology, 2020,2: 39.

[75] Zhenjiang, China. Classification for Imbalanced Microarray Data Based on Oversampling Technology and Random Forest[J]. Computer Science,2012,39(5): 190-194.

[76] 董景华. 基于随机森林的打斗行为识别模型研究[D]. 大连: 大连理工大学,2020.

[77] 马海花. 随机森林和 XGBoost 模型在个人信用风险评估中的应用[D]. 北京: 中央民族大学,2021.

[78] 彭宜. 基于残差网络和随机森林的音频识别方法研究[D]. 武汉: 武汉科技大学,2019.

[79] 朱卫. 基于随机森林算法的街道场景语义分割[D]. 哈尔滨: 哈尔滨理工大学,2019.

[80] Ian T. Jolliffe. Principal Component Analysis[M]. New York: Springer Verlag,1986.

[81] Geoffrey J. McLachlan. Discriminant Analysis and Statistical Pattern Recognition[M]. New York: Wiley,1992.

[82] Scholkopf B, Smola A, Mulller K P. Nonlinear component analysis as a kernel eigenvalue problem [J]. Neural Computation,1998,10(5): 1299-1319.

[83] Baudat G, Anouar F. Generalized discriminant analysis using a kernel approach [J]. Neural Computation. 2000,12(10): 2385-2404.

[84] Roweis S T, Saul L K. Nonlinear dimensionality reduction by locally linear embedding[J]. Science, 2000,290(5500): 2323-2326.

[85] Belkin M, Niyogi P. Laplacian eigenmaps for dimensionality reduction and data representation[J]. Neural computation. 2003,15(6): 1373-1396.

[86] Tenenbaum J B, De S V, Langford J C. A global geometric framework for nonlinear dimensionality reduction[J]. Science,2000,290(5500): 2319-2323.

[87] Bock H H. Clustering methods: a history of k-means algorithms[J]. Selected contributions in data analysis and classification,2007: 161-172.

[88] Krishna K, Murty M N. Genetic K-means algorithm[J]. IEEE Transactions on Systems, Man, and Cybernetics, Part B (Cybernetics),1999,29(3): 433-439.

[89] Sinaga K P, Yang M S. Unsupervised K-means clustering algorithm[J]. IEEE access,2020,8: 80716-80727.

[90] Garcia-Escudero L A, Gordaliza A. Robustness properties of k means and trimmed k means[J]. Journal of the American Statistical Association,1999,94(447): 956-969.

[91] Ran X, Zhou X, Lei M, et al. A novel k-means clustering algorithm with a noise algorithm for capturing urban hotspots[J]. Applied Sciences,2021,11(23): 11202.

[92] Borlea I D, Precup R E, et al. A unified form of fuzzy C-means and K-means algorithms and its partitional implementation[J]. Knowledge-Based Systems,2021,214: 106731.

[93] Huang S, Kang Z, Xu Z, et al. Robust deep k-means: An effective and simple method for data clustering[J]. Pattern Recognition,2021,117: 107996.

[94] Yu D, Xu H, et al. Dynamic coverage control based on k-means[J]. IEEE Transactions on Industrial Electronics,2021,69(5): 5333-5341.

[95]　刘靖明,韩丽川,侯立文.基于粒子群的 K 均值聚类算法[J].系统工程理论与实践,2005,25(6)：54-58.

[96]　李苏梅,韩国强.基于 K-均值聚类算法的图像区域分割方法[J].计算机工程与应用,2008,44(16)：5.

[97]　杨广全,朱昌明,王向红,等.基于粒子群 K 均值聚类算法的电梯交通模式识别[J].控制与决策,2007,10：61-64.

[98]　喻金平,郑杰,梅宏标.基于改进人工蜂群算法的 K 均值聚类算法[J].计算机应用,2014,34(4)：1065-1069.

[99]　Ran X,Zhou X,Lei M,et al. A novel k-means clustering algorithm with a noise algorithm for capturing urban hotspots[J]. Applied Sciences,2021,11(23)：11202.

[100]　Abernathy A,Celebi M E. The incremental online k-means clustering algorithm and its application to color quantization[J]. Expert Systems with Applications,2022,207：117927.

[101]　Chen J I Z,Zong J I. Automatic vehicle license plate detection using K-means clustering algorithm and CNN[J]. Journal of Electrical Engineering and Automation,2021,3(1)：15-23.

[102]　韩力群.人工神经网络理论及应用[M].北京：机械工业出版社,2016.

[103]　吴微,陈维强,刘波.用 BP 神经网络预测股票市场涨跌[J].大连理工大学学报,2001,41(1)：7.

[104]　廖勋.基于改进的二次曲面与 BP 神经网络组合模型的 GNSS 高程异常拟合[J].应用数学进展,2022,11(8)：8.

[105]　郭盈利,李永全.改进 BP 神经网络的图像复原技术[J].电子世界,2020,10：2.

[106]　Liu Q,Liu S,Wang G,et al. Social relationship prediction across networks using tri-training BP neural networks[J]. Neurocomputing,2020,401：377-391.

[107]　Fan Q,Gao D. A fast BP networks with dynamic sample selection for handwritten recognition[J]. Pattern Analysis and Applications,2018,21(1)：67-80.

[108]　Xu L,Quan T,Wang J,et al. GR and BP neural network-based performance prediction of dual-antenna mobile communication networks[J]. Computer Networks,2020,172：107172.

[109]　Yin F M,Xu H H,Gao H H,et al. Research on weibo public opinion prediction using improved genetic algorithm based BP neural networks[J]. Journal of Computer Science,2019,30(3)：82-101.

[110]　Yang X S,Zhou J J,Wen D Q. An optimized BP neural network model for teaching management evaluation[J]. Journal of Intelligent & Fuzzy Systems,2021,40(2)：3215-3221.

[111]　Shen T,Nagai Y,Gao C. Design of building construction safety prediction model based on optimized BP neural network algorithm[J]. Soft Computing,2020,24(11)：7839-7850.

[112]　Liu X,Pan Y,Yan Y,et al. Adaptive BP Network Prediction Method for Ground Surface Roughness with High-Dimensional Parameters[J]. Mathematics,2022,10(15)：2788.

[113]　Thakur R S,Yadav R N,Gupta L. State-of-art analysis of image denoising methods using convolutional neural networks[J]. IET Image Processing,2019,13(13)：2367-2380.

[114]　Ilesanmi A E,Ilesanmi T O. Methods for image denoising using convolutional neural network：a review[J]. Complex & Intelligent Systems,2021,7(5)：2179-2198.

[115]　Tian C,Fei L,Zheng W,et al. Deep learning on image denoising：An overview[J]. Neural Networks,2020,131：251-275.

[116]　Zhang F,Cai N,Wu J,et al. Image denoising method based on a deep convolution neural network[J]. IET Image Processing,2018,12(4)：485-493.

[117]　Mei S,Wang Y,Wen G. Automatic fabric defect detection with a multi-scale convolutional denoising autoencoder network model[J]. Sensors,2018,18(4)：1064.

[118]　Chiang H T,Hsieh Y Y,Fu S W,et al. Noise reduction in ECG signals using fully convolutional denoising autoencoders[J]. IEEE Access,2019,7：60806-60813.

[119] Samal K K R,Babu K S,Das S K. Temporal convolutional denoising autoencoder network for air pollution prediction with missing values[J]. Urban Climate,2021,38：100872.

[120] Xiong Y,Zuo R. Robust feature extraction for geochemical anomaly recognition using a stacked convolutional denoising autoencoder[J]. Mathematical Geosciences,2022,54(3)：623-644.

[121] Ghosh S K,Biswas B,Ghosh A. SDCA：a novel stack deep convolutional autoencoder-an application on retinal image denoising[J]. IET Image Processing,2019,13(14)：2778-2789.

[122] Roy S S,Hossain S I,Akhand M A H,et al. A robust system for noisy image classification combining denoising autoencoder and convolutional neural network[J]. International Journal of Advanced Computer Science and Applications,2018,9(1)：224-235.

[123] Du B,Xiong W,Wu J,et al. Stacked convolutional denoising auto-encoders for feature representation [J]. IEEE transactions on cybernetics,2016,47(4)：1017-1027.

[124] Li M,Hsu W,Xie X,et al. SACNN：Self-attention convolutional neural network for low-dose CT denoising with self-supervised perceptual loss network[J]. IEEE transactions on medical imaging,2020,39(7)：2289-2301.

[125] Song H,Gao Y,Chen W,et al. Seismic random noise suppression using deep convolutional autoencoder neural network[J]. Journal of Applied Geophysics,2020,178：104071.

[126] 王万良,杨小涵,赵燕伟,等.采用卷积自编码器网络的图像增强算法[J].浙江大学学报(工学版),2019,53(9)：1728-1740.

[127] 宋辉,高洋,陈伟,等.基于卷积降噪自编码器的地震数据去噪[J].石油地球物理勘探,2020,6：12.

[128] 杨云开,范文兵,彭东旭.基于一维卷积神经网络和降噪自编码器的驾驶行为识别[J].计算机应用与软件,2020,37(8)：6.

[129] 陈健,刘明,熊鹏,等.基于卷积自编码神经网络的心电信号降噪[J].计算机工程与应用,2020,56(16)：148-155.

[130] 罗仁泽,王瑞杰,张可,等.残差卷积自编码网络图像去噪方法[J].计算机仿真,2021,38(5)：7.

[131] 张金水,蒋伟,潘伟杰.基于栈式降噪自编码器的 GIS 绝缘缺陷识别研究[J].电气自动化,2021,43(4)：4.

[132] Yang Z,Baraldi P,Zio E. A method for fault detection in multi-component systems based on sparse autoencoder-based deep neural networks[J]. Reliability Engineering & System Safety,2022,220：108278.

[133] Hinton G,LeCun Y,Bengio Y. Deep learning[J]. Nature,2015,521(7553)：436-444.

[134] Hinton G,Osindero S,Teh Y W. A fast learning algorithm for deep belief nets[J]. Neural computation,2006,18(7)：1527-1554.

[135] Hinton G,Salakhutdinov R R. Reducing the dimensionality of data with neural networks[J]. science,2006,313(5786)：504-507.

[136] Hinton G,Deng L,Yu D,et al. Deep neural networks for acoustic modeling in speech recognition：The shared views of four research groups[J]. IEEE Signal processing magazine,2012,29(6)：82-97.

[137] Mnih V,Kavukcuoglu K,Silver D,et al. Human-level control through deep reinforcement learning [J]. nature,2015,518(7540)：529-533.

[138] Silver D,Huang A,Maddison C J,et al. Mastering the game of Go with deep neural networks and tree search[J]. nature,2016,529(7587)：484-489.

[139] Lake B M,Salakhutdinov R,Tenenbaum J B. Human-level concept learning through probabilistic program induction[J]. Science,2015,350(6266)：1332-1338.

[140] Reddy S,Ramkumar G. Novel Technique for Segmentation and Identification of Diabetic Retinopathy in Retinal Images Using GMM and Compare Accuracy with SVM[J]. ECS Transactions,2022,

107(1)：13773.

[141]    Rao B J,Revathi K,Babu G H. Video Inpainting using self-adaptive GMM with Improved Inpainting Technique[J]. CVR Journal of Science and Technology,2022,22(1)：42-46.

[142]    Nasir J A,Khan O S,Varlamis I. Fake news detection：A hybrid CNN-RNN based deep learning approach[J]. International Journal of Information Management Data Insights,2021,1(1)：100007.

[143]    Pan M,Liu A,Yu Y,et al. Radar HRRP Target Recognition Model Based on a Stacked CNN-Bi-RNN With Attention Mechanism[J]. IEEE Transactions on Geoscience and Remote Sensing,2021, 60：1-14.

[144]    Crounse K R,Chua L O. Methods for image processing and pattern formation in cellular neural networks：A tutorial[J]. IEEE Transactions on Circuits and Systems I：Fundamental Theory and Applications,1995,42(10)：583-601.

[145]    Tayal A,Gupta J,Solanki A,et al. DL-CNN-based approach with image processing techniques for diagnosis of retinal diseases[J]. Multimedia Systems,2021：1-22.

[146]    Dhaya R. Light weight CNN based robust image watermarking scheme for security[J]. Journal of Information Technology and Digital World,2021,3(2)：118-132.

[147]    Kim H,Jung W K,Park Y C,et al. Broken stitch detection method for sewing operation using CNN feature map and image-processing techniques [J]. Expert Systems with Applications,2022, 188：116014.

[148]    Yuan J,Liu T,Xia H,et al. A Novel Dense Generative Net Based on Satellite Remote Sensing Images for Vehicle Classification under foggy weather conditions [J]. IEEE Transactions on Geoscience and Remote Sensing,2023,61：1-10.

[149]    Yuan J,Wu F,Wu H. Multivariate time-series classification using memory and attention for long and short-term dependence[J]. Applied Intelligence,2023,53：29677-29692.

[150]    Yuan J,Wu F,Li Y,et al. DPDH-CapNet：A Novel Lightweight Capsule Network with Non-routing for COVID-19 Diagnosis Using X-ray Images[J]. Journal of Digital Imaging,2023,36：988-1000.

[151]    Fudong L,Xingyu L,Jianjun Y. MHA-CoroCapsule：Multi-Head Attention Routing-based Capsule Network for COVID-19 chest X-ray image classification [J]. IEEE Transactions on Medical Imaging,2022,41(5)：1208-1218.

# 图 书 资 源 支 持

感谢您一直以来对清华版图书的支持和爱护。为了配合本书的使用，本书提供配套的资源，有需求的读者请扫描下方的"书圈"微信公众号二维码，在图书专区下载，也可以拨打电话或发送电子邮件咨询。

如果您在使用本书的过程中遇到了什么问题，或者有相关图书出版计划，也请您发邮件告诉我们，以便我们更好地为您服务。

**我们的联系方式：**

清华大学出版社计算机与信息分社网站：https://www.shuimushuhui.com/

地　　址：北京市海淀区双清路学研大厦 A 座 714

邮　　编：100084

电　　话：010-83470236　010-83470237

客服邮箱：2301891038@qq.com

QQ：2301891038（请写明您的单位和姓名）

**资源下载：** 关注公众号"书圈"下载配套资源。

资源下载、样书申请

书圈

图书案例

清华计算机学堂

观看课程直播